U0341598

马晓东 —— 著

高原地震灾害
应急协同机制

EMERGENCY COORDINATION
MECHANISM FOR
PLATEAU EARTHQUAKE DISASTER

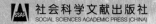
社会科学文献出版社
SOCIAL SCIENCES ACADEMIC PRESS (CHINA)

目　录

绪　论

进入 21 世纪以来，印度洋海啸、海地地震、东日本地震等灾害接踵而至，造成大量人员伤亡和财产损失，地震应急响应及恢复重建成为学者普遍关注的课题。

一　研究缘起

（一）地震灾害形势

联合国防灾减灾署、世界卫生组织等的报告显示：全球发生的干旱、洪水、地震（海啸）、暴风雨（雪）、极端温度、火山活动、森林火灾等自然灾害累计造成 37637.1 亿美元损失和 38428582 人死亡，其中地震造成的损失和死亡人数分别占 6.1% 和 22.3%[①]，地震造成的死亡人数虽有所下降，但也显示全球地震损失超过了其他灾害损失[②]。

为此，联合国实施了"国际减轻自然灾害十年（1990~2000）""面向21 世纪建立一个更加安全的世界：综合灾害风险管理"战略行动，并于1994 年、2005 年、2015 年召开全球瞩目的世界减灾大会，相继通过了

[①]　此处根据 EM – DAT 提供的数据进行了计算。EM – DAT 数据库的因灾经济损失和死亡人数指干旱、洪水、地震（海啸）、暴风雨（雪）、极端温度、火山活动、滑坡、森林火灾、传染病、逃荒十种灾害数据总和。此数据库信息由联合国机构、保险公司、研究机构、新闻媒体等提供。参见 http://www.emdat.be/database，最后访问日期：2017 年 3 月 26 日。

[②]　参见 http://www.unisdr.org/files/50589_ credddisastermortalityallfinalpdf，最后访问日期：2017 年 4 月 19 日。

"横滨战略与行动计划（1994～2004）""国家与社区减灾兵库行动框架（2005～2015）""仙台减轻灾害风险框架（2015～2030）"等目标任务，提出了"灾害防减救"两大转型，即从被动减灾向综合减灾的"目标理念转型"，以及从政府救灾向政府与社会共同参与的"管理体系转型"，以促进各国防灾减灾救灾事业。

中国地处环太平洋地震带与亚欧地震带交会部位，是世界上地震最多国家之一①。新中国成立以来，党和政府十分重视防灾减灾救灾工作，并将其作为关系国家政权巩固稳定和国计民生的重要内容，提出了"预防为主，防救结合"、"以人为本"及"减灾与发展相结合"方针理念，投入大量人财物加强了地震监测预报、抗震工程规划、地震风险勘察、组织机构建设、法制建设、科学研究等工作，实施了"国家综合防灾减灾及防震减灾规划"，建立了从中央到地方的灾害应急管理体系及地震应急决策体系，预报了海城地震、松潘地震、龙陵地震及其影响。同时，中国政府积极参与"联合国国际减灾战略"（UNISDR）、"亚洲地震委员会"（ASC）"亚洲备灾中心"（ADPC）、"东南亚国家联盟"（ASEAN）、"上海合作组织"（SCO）、"太平洋海啸预警与减灾系统政府间协调组"（ICG/PTWS）、"国际地震信息中心"（ISC）、"国际地震学与地球内部物理学联合会"（IASPIE）、"强地面运动观测系统组织委员会"（COSMOS）等政府间及非政府间组织的防灾减灾合作，通过全球协作、技术支持、人员培训、研究交流等推进地区与全球防震减灾事业，提升了国家抗震救灾实力和水平，为国际社会提供了可资借鉴的中国经验。

（二）地震灾害特点

1. 地震发生频率呈现"波浪式"、"平滑式"和"突变式"总体态势

20世纪以来，全球地震灾害发生次数总体呈现增多趋势且在70年代至90年代增加最为明显，并表现为"少－多－更多"的波浪式特征，即20世纪前期、中期、后期至今的地震频率分别为≤50次、51～100次、

---

① 科技部国家计委国家经贸委灾害综合研究组主编《中国重大自然灾害与社会图集》，广东科技出版社，2004。

≥101 次①，亚洲、美洲、欧洲的地震次数占到全球地震总数的 90%（其中亚洲就占 50% 多），成为世界地震集中区和多发区。全球 7 级及以上地震集中在环太平洋地震带和亚欧地震带上，海洋地震和大陆地震分别占 85% 和 15%。非洲和大洋洲地震次数较少，且表现为"少 – 少 – 多"的平滑式特征，即 20 世纪前期、中期、后期至今的地震频率分别为≤5 次、≤5 次、≥10 次②。印度尼西亚、伊朗、日本为地震多发国家，其地震次数分别占到全球地震总数的 12%、8.7%、7.9%，且表现为"少 – 少 – 更多"的突变式特征，即 20 世纪前期、中期、后期至今的地震频率分别为≤5 次、≤5 次、≥30 次③。同时，印度尼西亚、伊朗等国家年度发生 5 次及以上地震频率分别达到 5 次和 4 次④，土耳其、日本、意大利等国家年度发生 3 次地震频率分别达到 7 次、3 次和 3 次，而且全球一半以上的国家和地区都至少发生过 1 次地震灾害。100 多年来，地震成为继洪水、暴风雨（雪）之后全球第三大高频率灾害事件，其对全球经济社会造成广泛而深远影响。

2. 地震造成的财产损失不断增加而伤亡人数趋于下降

自 20 世纪至今，全球地震造成的财产损失从 9000 万美元增加到 2988.4 亿美元，总计增加 3319 倍，地震造成的财产损失平均占灾害财产总损失的 35%（以每 10 年为计算周期），受地震发生频次、规模和区域等综合因子影响，1900～1910 年、1921～1930 年、1971～1980 年三个阶段中地震造成的损失分别达到灾害总损失的 59.5%、66.2%、49.9%⑤。其中造成财产损失较多的为日本北海道"3·11"地震（2011 年）、日本神户"1·17"地震（1995 年）、美国洛杉矶"1·17"地震（1994

---

① 此处是以每 10 年为一个计算周期的全球地震统计数据。数据来源：http://www.emdat.be/database，最后访问日期：2017 年 3 月 26 日。

② 此处是以每 10 年为一个计算周期的非洲和大洋洲地震统计数据。数据来源：http://www.emdat.be/database，最后访问日期：2017 年 3 月 26 日。

③ 此处是以每 10 年为一个计算周期的中国地震统计数据。数据来源：http://www.emdat.be/database，最后访问日期：2017 年 3 月 26 日。

④ 此处是 1900 年至 2017 年发生 5 次及以上地震的统计数据。数据来源：http://www.emdat.be/database，最后访问日期：2017 年 3 月 26 日。

⑤ 此处根据 EM – DAT 提供的数据进行了计算。数据来源：http://www.emdat.be/database，最后访问日期：2017 年 3 月 26 日。

年）、智利比奥"2·27"地震（2010 年）、日本新潟"10·23"地震（2004 年）、土耳其"8·17"地震（1999 年）等，分别造成 2100 亿美元、1000 亿美元、300 亿美元、300 亿美元、280 亿美元、200 亿美元的损失，分别占当时本国 GDP 的 3.6%、1.9%、0.4%、13.8%、0.6%、8%[①]。

3. 地震造成经济社会管理任务重

地震不仅危害生命财产安全，还导致社会生产停滞等。其中，印度洋海啸是全球 1677 年有记录以来伤亡损失最严重海啸[②]，这次发生在苏门答腊岛近海的 9.0 级地震海啸对印度尼西亚等地旅游业、渔业造成严重破坏，泰国旅游胜地普吉岛珊瑚礁、红杉树林及岛屿海面漂浮的成千上万吨垃圾经过长时间艰苦清理才得以恢复[③]。海地地震使其国内商业零售、餐饮、酒店、交通运输等遭到影响[④]，总统府等建筑物悉数震毁，全国性霍乱暴发[⑤]，大量难民涌向邻国[⑥]，联合国紧急实施人道主义援助[⑦]。

4. 地震引发的海啸风险增大

地震及其引发的海啸等灾难给人类社会造成严重危害。特别是近 400 年来，全球共发生 94 次地震引发的海啸及其他灾害，共计造成 372472 人死亡、434252 间房屋被毁，以及巨大的财产损失[⑧]。造成伤亡损失较严重的是：1755 年里斯本 8.5 级地震海啸、1868 年秘鲁 8.5 级地震海啸、1952

---

① 此处根据"全球经济指标"（Trading Economics）数据库提供的世界各国国内生产总值（GDP）数据进行了计算。数据来源：http：//www. tradingeconomics. com，最后访问日期：2017 年 4 月 6 日。

② 参见 http：//irides. tohoku. ac. jp/project/global_ assessment_ tsunami_ hazards. html，最后访问日期：2017 年 3 月 26 日。

③ Pradyumna P. Karan, *Indian Ocean Tsunami: The Global Response to a Natural Disaster* (Lexington: The University Press of Kentucky, 2011).

④ 参见 http：//www. who. int/violence_ injury_ prevention/media/news/2012/05_03/en/，最后访问日期：2012 年 5 月 3 日。

⑤ 参见 http：//101. 96. 8. 164/www. who. int/cholera/vaccines/Briefing_ OCV_ stockpile. pdf？ ua = 1&ua =，最后访问日期：2017 年 4 月 5 日。

⑥ 参见 https：//en. wikipedia. org/wiki/2010_ Haiti_ earthquake，最后访问日期：2017 年 4 月 5 日。

⑦ 参见 http：//www. telegraph. co. uk/news/worldnews/centralamericaandthecaribbean/haiti/，最后访问日期：2017 年 4 月 5 日。

⑧ 参见 http：//www. preventionweb. net/news/view/50897，最后访问日期：2017 年 4 月 5 日。

年堪察加 9.0 级地震海啸、2004 年印度洋 9.1 级地震海啸、2011 年日本 9.0 级地震海啸①。1677 年以来，平均每 10 年就发生 2.4 次海啸，且平均每 100 年至少造成 1 次 1 万人以上死亡的海啸灾难②，并以太平洋和印度洋为频发区域，印度洋海啸波及 14 个国家和地区，是全球近年来伤亡人数最多的灾害。

二　研究进展

目前对地震的研究涉及地震机理认知研究、地震社会问题研究、地震应急管理研究、地震协同治理研究等议题，有关研究成果梳理如下。

（一）地震机理认知研究

青藏高原地处冈瓦纳古大陆与欧亚大陆碰撞挤压隆升活跃地带，多年来，高原地震与板块构造关系成为国内外研究热点。马克·哈里逊（Mark Harrison）、皮特·科普兰德（Peter Copeland）、西蒙·特纳（Simon Turner）、尼克·罗格斯（Nick Rogers）、菲利普·英格兰（Philip England）、皮特·莫纳（Peter Molnar）、克里斯·霍克斯沃斯（Chris Hawkesworth）、麦考·鲍威尔（McA Powell）、格列高利·豪斯曼（Gregory Houseman）等学者在《自然》、《科学》、《地球物理学研究杂志》、《地球与行星科学通讯》、《构造地质学杂志》与《地质研究》等国际知名顶尖学术期刊发表了研究成果，通过热年代法、岩石圈拆沉模式、磷灰石裂变径迹资料，探讨了"青藏高原板块碰撞过程"、"青藏高原大陆碰撞机制"、"青藏高原的隆升机制"、"青藏高原隆升年代"、"青藏高原隆升的大陆俯冲模型"及"青藏高原地震形成机理"等内容。

其中，英格兰等认为，晚第三纪以来，印度洋板块与亚欧板块碰撞聚

---

① 这些海啸分别造成 50000 人、25000 人、10000 人、227899 人、18453 人死亡。参见 http://www.preventionweb.net/news/view/50897，最后访问日期：2017 年 4 月 5 日。

② 此处根据 "A Global Assessment of Tsunami Hazards Over the Last 400 Years" 研究报告进行了计算，参见 http://www.preventionweb.net/news/view/50897，最后访问日期：2017 年 4 月 5 日。

合及在 100 ~ 200MPa 地质作用下的演化导致青藏高原形成①。凯瑟尼·丹叶姆、皮特·莫纳等提出，青藏高原隆升始于 5000 万年前印度洋板块自南向北与亚欧板块碰撞作用，随即青藏高原北部明显抬升并使其地壳逐步增厚形成高原陆地，高原持续隆升且在 1000 万年前至 800 万年前使高原周边抬升隆起②。马克·哈里逊、皮特·科普兰德等认为，距今 5000 万年前至 4000 万年前印度洋板块与亚欧板块形成碰撞，始新世晚期至渐新世早期高原隆升运动还造就了黄河，距今 2000 万年前青藏高原迅速隆升且在 800 万年前达到目前海拔③。西蒙·特纳、克里斯·霍克斯沃斯提出，青藏高原始于印度洋板块与亚欧板块碰撞作用，印度洋板块每年以 4 ~ 5 厘米速度向北俯冲致使高原地壳厚度增加 2 倍，并使青藏高原平均海拔达到 5000 米，青藏高原隆升时代为 1300 万年前④。麦考·鲍威尔认为，晚新时代以来，印度洋板块向亚欧板块碰撞且水平嵌入 3000 千米、深度嵌入 500 千米，两大板块碰撞始于 1 亿年前 ~ 5000 万年前，5000 万年前 ~ 2000 万年前碰撞减缓停顿，2000 万年前 ~ 500 万年前板块开始俯冲，500 万年前 ~ 200 万年前青藏高原隆起，200 万年前 ~ 目前青藏高原急剧隆起⑤。皮特·莫纳等认为，青藏高原地震属大陆性浅源构造地震，其发生机理是受东西方向地质断层变形影响，其在距地表深度 5 ~ 15 千米内处于集中频发范围，并与青藏高原的形成时间短、地质构造活跃等具有显著关系⑥。

国内方面，孙鸿烈、郑度研究认为："青藏高原是印度板块与亚欧板块碰撞挤压及特提斯演化与阶段性非均匀运动结果。"⑦ 潘桂堂等认为：

---

① P. England, G. Houseman, "The Mechanics of the Tibetan Plateau", *Phil. Trans. R. Soc. Lond. A*, No. 326 (1988): 301 – 320.

② Katherine E. Dayem, Peter Molnar, "Far-field Lithospheric Deformation in Tibet during Continental Collision", *Tectonics*, No. 28 (2009): 1 – 9.

③ Mark Harrison, Peter Copeland, "Raising Tibet", *Science*, No. 255 (1992): 1663 – 1670.

④ Simon Turner, Chris Hawkesworth, "Timing of Tibet Uplift Constrained by Analysis of Volcanic Rocks", *Nature*, No. 364 (1993): 50 – 54.

⑤ McA Powell, "Continental Underplating Model for the Rise of the Tibetan Plateau", *Earth and Planetary Science Letters*, No. 81 (1986): 79 – 94.

⑥ Peter Molnar, Wang-Ping Chen, "Focal Depths and Fault Plane Solutions of Earthquakes Under Tibetan Plateau", *Journal of Geophysical Research*, No. 88 (1983): 1180 – 1196.

⑦ 孙鸿烈、郑度主编《青藏高原形成演化与发展》，广东科技出版社，1998。

"青藏高原是物理－化学－生物作用与岩石圈碰撞－造山－聚拢的地质构造过程。"[①] 赵政璋等认为："青藏高原地体是拼贴演化与逆冲、伸展和走滑新构造运动及断裂带张性扭力导致地震强烈。"[②] 潘裕生、孙祥儒认为："青藏高原地壳结构由多圈层软硬交替岩石层组成及软流层起伏上涌，导致青藏高原浅源性地震多发且周边集中－中部均匀－层状震源地震特点。"[③] 肖序常、李廷栋研究认为："青藏高原由喜马拉雅等板块和构造带拼合组成且历经复杂演化过程，其在始新世陆地变形隆升及上新世急剧抬升至今隆升仍在持续，由此使高原岩石圈挤压断层释放能量导致地震活动强烈。"[④] 李廷栋等认为："青藏高原岩石圈结构为帕米尔型－冈底斯型－羌塘型，且历经局部隆升－缓慢隆升－快速隆升－整体隆升过程导致地体叠加挤压变形及火山等热力作用形成不同震源机制。"[⑤] 中国科学院青藏高原综合科学考察队认为："青藏高原为歹字形构造体系及皱褶带和断裂带组成的挤压型顺时针旋钮力使隆升活动持续至今。"[⑥] 施雅风等认为："青藏高原地壳隆起增厚是断块挤压与地层错动重熔等复杂过程，其岩石圈呈现垂直层状分布且南薄北厚，并在北缘－南缘－东缘存在明显高重力带。"[⑦] 汤懋苍等认为："青藏高原隆升使其形成冷高压和热低压作用的高原季风且与东南季风交汇形成雨季使东南沿海地区降水丰沛。"[⑧] 可见，青藏高原的形成演化及其地质构造与高原隆升及气候环境变化等是学界持续研究热点。

青藏高原地震研究备受瞩目。20世纪初，地质学家李四光在《中国地质概要》《中国地质学》等著述中系统研究了中国地质构造演化与运动、地质环境及其灾害机制，探究了青藏高原地质构造及其断裂带体系[⑨]。在此基础上相关部门和机构开展的青藏高原地质及其灾害调查也取得丰硕成

---

① 潘桂堂等：《青藏高原碰撞构造与效应》，广东科技出版社，2013。

② 赵政璋等主编《青藏高原大地构造特征及盆地演化》，科学出版社，2001，第65页。

③ 潘裕生、孙祥儒主编《青藏高原岩石圈结构演化和动力学》，广东科技出版社，1998。

④ 肖序常、李廷栋主编《青藏高原的构造演化与隆升机制》，广东科技出版社，2000。

⑤ 李廷栋等：《青藏高原隆升的地质记录及机制》，广东科技出版社，2013。

⑥ 中国科学院青藏高原综合科学考察队：《青藏高原隆起的时代、幅度和形式问题》，科学出版社，1981。

⑦ 施雅风等主编《青藏高原晚新生代隆升与环境变化》，广东科技出版社，1998。

⑧ 汤懋苍等主编《青藏高原近代气候变化及对环境的影响》，广东科技出版社，1998。

⑨ 李四光：《李四光全集》，湖北人民出版社，1996。

果，并为探讨分析青藏高原地震机制奠定了基础。

近年，中国地震局、中科院及高校等的研究人员分析了高原地震成因、地震构造与活动形式、地震深层过程与动力学机制等内容。曾融生、孙为国研究认为："青藏高原震源机制源于喜马拉雅冲断层带、西南部正断层带、东部左旋走滑断层带、崩错－嘉黎右旋走滑断层带等。"[①] 邓起东等认为："未来青藏高原地震高潮将会延续并或在高原南部及中南段为主体地区。"[②] 李冲等认为："青藏高原东部地壳弱物质流变作用引发汶川地震。"[③] 王常在等认为："玉树地震及其余震是巴颜喀拉地块与羌塘地块作用异常使地震沿断层带两侧释放能量的结果。"[④] 由此，地震机理认知研究从自然科学领域阐释了青藏高原地震多发的原理及其机制，其为社会科学研究提供了科学依据。

（二）地震社会问题研究

地震社会问题源于灾害社会学研究。20 世纪初，亨利·普瑞思（S. H. Prince）、帕特姆·索罗金（Pitirim Sorokin）、沃尔芬斯泰因（M. Wolfenstein）、罗纳德·佩里（Ronald Perry）等学者在《灾难及其社会变革》等研究中探讨了灾害的社会影响、灾害中的人类心理表现等内容。20 世纪中后期，吉尔伯特·怀特（Gilbert F. White）、尤金·哈斯（Eugene Haas）等改变了"工程－技术"防洪理念，提出了人类适应洪水及与洪水和谐共处的防洪思想，创建了"自然灾害研究中心"（Natural Hazards Centre，NHC），开展了"灾害社会脆弱性"研究。尤金·哈斯等通过对 1906 年旧金山地震、1964 年阿拉斯加地震、1972 年南达科他地震及马那瓜地震的案例分析，从经济等方面描述了灾害社会脆弱性的表现[⑤]。随后，美国得克萨斯农业与机械大学成立"减灾与

---

① 曾融生、孙为国：《青藏高原及其邻区的地震活动性和震源机制以及高原物质东流的讨论》，《地震学报》1992 年第 A1 期。
② 邓起东等：《青藏高原地震活动特征及当前地震活动形势》，《地球物理学报》2014 年第 7 期。
③ 李冲等：《青藏高原东部地壳物质流变模型及汶川地震机理探讨》，《武汉大学学报》（信息科学版）2015 年第 6 期。
④ 王常在等：《玉树地震震源区速度结构与余震分布的关系》，《地球物理学报》2013 年第 12 期。
⑤ Eugene Haas, Robert Kates, Martyn Bowden, *Reconstruction Following Disaster* (Cambridge: MIT Press, 1977).

恢复中心"（The Hazard Reduction and Recovery Center, HRRC），南卡罗来纳大学成立"灾害与脆弱性研究所"（The Hazards and Vulnerability Research Institute, HVRI），苏黎世联邦理工学院成立"安全研究中心"（The Center for Security Studies, CSS）等，开展了灾害社会影响及其分类研究①。

20 世纪 70 年代，国际上提出"地震社会学"概念，罗伯特·凯茨（Robert Kates）、丹尼斯·米勒蒂（Dennis Mileti）、贾尼斯·赫顿（Janice Hutton）、约翰·索罗森（John Sorensen）、清水（Simizu）、拉尔夫·特纳（Ralph Turner）等探讨了社区防震减灾服务及保险保障等内容。近年，鲁塞尔·丹尼斯（Russell Dynes）、安东尼·史密斯（Anthony Smith）、波布·博林（Bob Bolin）、黛博拉·托马斯（Deborah Thomas）等推进了地震灾害跨学科研究。

中国学者的《地震灾害的地震社会学研究》（朱守全等，《灾害学》1981 年第 1 期）、《地震社会学初探》（王子平等，地震出版社，1989）等文献提出了应对地震的对策建议。花菊香在《灾害社会救助中保障、凝聚、包容与增能之整合路径》（《社会科学》2010 年第 12 期）中探讨了地震灾害的社会救助、恢复重建等内容。这些成果推动了关于地震社会学方面的研究。

（三）地震应急管理研究

地震应急管理研究与突发事件研究一脉相承。20 世纪 90 年代以来，史蒂文·菲克（Steven Fink）、乌尔·罗森塔尔（Uriel Rosenthal）、罗伯特·希斯（Robert Heath）、保罗·哈特（Paul Hart）、阿杰恩·波奥（Arjen Boin）、路易斯·考夫特（Louise Comfort）、艾瑞克·斯特恩（Eric Stern）、蒂莫西·库姆斯（Timothy Coombs）、亚历桑德·柯兹敏（Alexander Kouzmin）、劳伦斯·巴顿（Laurence Barton）等探究了突发事件含义②、

① Prior, Roth, Maduz, Scafetti, "Mapping Social Vulnerability in Switzerland: A Pilot Study on Flooding in Zurich", http://www. css. ethz. ch/content/dam/ethz/special-interest/gess/cis/center-for-securities-studies/pdfs/RR-Reports – 2016 – Social% 20Vulnerability. pdf. 2017, 最后访问日期：2017 年 4 月 5 日。

② Uriel Rosenthal, Michael Charles, Paul Hart, *Coping with Crises: The Management of Disasters, Riots and Terrorism* (Springfield: Charles C Thomas Publisher, 1989).

减灾救灾能力建设①、预警及全过程管理②。

近年，闪淳昌，张海波、童星，莫于川，张欢，马奔、毛庆铎，李菲菲、庞素琳分别提出了"中国特色应急管理运行的拳头模式"③、"中国应急管理体系结构变迁及其适应机制"④、"政府应急管理法制建设与服务型政府构建"⑤、"应急管理全过程评估体系"⑥、"应急管理大数据功能及其应用"⑦ 及 "社区应急管理模式"⑧ 等。陈彪等、万鲁河等、李雪峰分别探讨了"灾害区域应急联动机制"⑨、"自然灾害预警系统设计与建设"⑩ 及 "自然灾害应急协调机制"⑪ 等内容。近年，政府、高校或党校通过创办刊物、人才培养、干部培训等加强政府应急能力建设，促进了地震应急管理水平提升。

（四）地震协同治理研究

史蒂文·柯宁（Steven Curnin），威廉·沃夫（William Waugh）、格列高利·斯特莱博（Gregory Streib），保利娜·帕尔塔尔（Pauliina Palttala）、玛丽塔·沃斯（Marita Vos），纳伊姆·卡普库（Naim Kapuku）分别探讨了政

① Uriel Rosenthal, Arjen Boin, Louise Comfort, *Management Crises: Threats, Dilemmas, Opportunities* (Springfield: Charles C Thomas Publisher, 2001).

② Uriel Rosenthal, Alexander Kouzmin, "Globalizing an Agenda for Contingencies and Crisis Management: An Editorial Statement", *Journal of Contingencies and Crisis Management*, No. 1 (1993): 1 – 12.

③ 闪淳昌主编《应急管理：中国特色的运行模式与实践》，北京师范大学出版社，2011。

④ 张海波、童星：《中国应急管理结构变化及其理论概化》，《中国社会科学》2015 年第 3 期。

⑤ 莫于川：《我国的公共应急法制建设——非典危机管理实践提出的法制建设课题》，《中国人民大学学报》2003 年第 4 期。

⑥ 张欢：《应急管理评估》，中国劳动社会保障出版社，2010。

⑦ 马奔、毛庆铎：《大数据在应急管理中的应用》，《中国行政管理》2015 年第 3 期。

⑧ 李菲菲、庞素琳：《基于治理理论视角的我国社区应急管理建设模式分析》，《管理评论》2015 年第 2 期。

⑨ 陈彪等：《区域联动机制的建立：基于重大灾害与风险视阈》，《吉首大学学报》（社会科学版）2008 年第5 期。

⑩ 万鲁河等：《基于网络的突发性灾害预警及救灾系统：以雪灾为例》，《自然灾害学报》2009 年第 5 期。

⑪ 李雪峰：《重大自然灾害应急指挥协调机制专题研究——重大自然灾害应急指挥协调制度建设》，《理论与改革》2016 年第 5 期。

府与社会的信息共享机制①、公共部门与私人部门应急合作框架②、基于在线论坛的应急协同机制③、政府与社会组织应急互动机制④等内容。安吉拉·艾肯伯里（Angela Eikenberry），扎罗·奥兹尔（Zairol A. Auzzir）、理查德·黑格（Richard P. Haigh）与米赞·汗（Mizan R. Khan）、阿史奎·拉赫曼（Ashiqur Rahman），劳拉·格鲁布（Laura Grube）、维吉尔·亨利·斯托尔（Virgil Henry Storr）分别探讨了社会组织灾害救援⑤、灾害救助模式⑥⑦、社区灾后恢复⑧等内容。

中国学者沙勇忠、解志元阐述了协同治理模式构建⑨，刘霞、向良云探讨了协同治理柔性、刚性整合机制⑩。樊博、于洁讨论了信息协同机制⑪，夏志强讨论了多元主体功能耦合机制⑫，王洛忠、秦颖讨论了跨部门协同机制⑬，杨永慧、熊代春讨论了协同治理路径⑭等。林闽钢、战建华探

---

① Steven Curnin, "Role Clarity, Swift Trust and Multi-Agency Coordination", *Journal of Contingencies and Crisis* Management, No. 1（2015）：29 – 35.

② William Waugh, Gregory Streib, "Collaboration and Leadership for Effective Emergency Management", *Public Administration Review*, No. Special Issue（2006）：131 – 140.

③ Pauliina Palttala, Marita Vos, "Quality Indicators for Crisis Communication to Support Emergency Management by Public Authorities", *Journal of Contingencies and Crisis Management*, No. 1（2012）：39 – 51.

④ Naim Kapuku, "Collaborative Governance in International Disasters：Nargis Cyclone in Myanmar and Sichuan Earthquake in China Cases", *International Journal of Emergency Management*, No. 1（2011）：1 – 25.

⑤ Angela Eikenberry, "Administrative Failure and the International NGO Response to Hurricane Katrina", *Public Administration Review*, No. Special Issue（2007）：160 – 170.

⑥ Zairol A. Auzzir, Richard P. Haigh, Dilanthi Amaratunga, "Public-Private Partnerships（PPP）in Disaster Management in Developing Countries：A Conceptual Framework", *Procedia Economics and Finance*, No. 18（2014）：807 – 814.

⑦ Mizan R. Khan, Ashiqur Rahma, "Partnership Approach to Disaster Management in Bangladesh：A Critical Policy Assessment", *Nat Hazards*, No. 41（2007）：359 – 378.

⑧ Laura Grube, Virgil Henry Storr, "The Capacity for Self-governance and Post-disaster Resiliency", *Rev Austrian Econ*, No. 27（2014）：301 – 324.

⑨ 沙勇忠、解志元：《论公共危机的协同治理》，《中国行政管理》2010 年第 4 期。

⑩ 刘霞、向良云：《我国公共危机网络治理结构——双重整合机制的构建》，《东南学术》2006 年第 3 期。

⑪ 樊博、于洁：《公共突发事件治理的信息协同机制研究》，《上海行政学院学报》2015 年第 5 期。

⑫ 夏志强：《公共危机治理多元主体的功能耦合机制探析》，《中国行政管理》2009 年第 5 期。

⑬ 王洛忠、秦颖：《公共危机治理的跨部门协同机制研究》，《科学社会主义》2012 年第 5 期。

⑭ 杨永慧、熊代春：《协同治理：公共危机治理的新路径》，《领导科学》2009 年第 11Z 期。

讨了灾害救助中政府与社会的角色关系①，袁建军探讨了政府与企业的互动关系②等。这些成果为地震灾害协同治理研究奠定了基础。

（五）研究述评

首先，高原地震认知等研究相对较早，在理论和经验研究方面取得了丰硕成果，并形成了一定研究层次和研究基础。地震应急管理、地震协同治理研究相对较晚，主要集中在政府管理层面，表现出较强的应用性。

其次，高原地震研究涉及地质学、地球物理学、社会学、经济学、管理学等领域，已有成果缺乏与其他学科间的交流，多学科整合研究明显不足。

最后，地震协同治理研究偏重文献研究法和案例研究法，缺乏对政府与社会协同机制的实证研究。

由此，本课题拟通过多学科整合研究及实证研究思路，对地震中政府与社会协同机制进行考察，以丰富国内灾害应急管理研究。

---

① 林闽钢、战建华：《灾害救助中的 NGO 参与及其管理——以汶川地震和台湾 9·21 大地震为例》，《中国行政管理》2010 年第 3 期。
② 袁建军：《应对突发公共事件中政府和企业互动研究》，博士学位论文，苏州大学，2013。

第一章　青藏高原地震灾害特点

一　青藏高原概况

青藏高原位于亚洲大陆中部偏南地区，平均海拔在 4000 米以上且呈西北高东南低地势[①]，因其为长江、黄河、澜沧江等江河发源地成为中华水塔及亚洲水塔。

青藏高原属寒冷缺氧干燥多风高原大陆性气候，平均气压为海平面的 2/3，空气密度大多在 0.72~1.2 千克/米^3，为海平面的 56%~80%，高原大气含氧量随空气密度的减小而减少，其含氧量为 0.174~0.233 千克/米^3，比海平面少 20%~40%，纯水沸点为 85~94℃[②]。随着海拔的升高，高原气压、空气密度、大气含氧量、纯水沸点等气候因子呈减少或降低态势（见表 1-1）。

表 1-1　不同海拔气压、空气密度、大气含氧量、纯水沸点

海拔（米）	气压（毫巴）	空气密度（千克/米^3）	大气含氧量（千克/米^3）	大气含氧量比例（%）	纯水沸点（℃）
0	1013.2	1.292	0.260	100	100
3000	687	0.877	0.206	73	90

---

① 关于青藏高原总面积目前有不同看法，其中潘裕生、孔祥儒、钟大赍等认为青藏高原总面积约为 250 万平方千米；刘增乾、潘桂棠等认为青藏高原总面积约为 300 万平方千米。本书采用前者观点。参见孙鸿烈、郑度主编《青藏高原形成演化与发展》，广东科技出版社，1998；刘增乾等《青藏高原大地构造与形成演化》，地质出版社，1990。

② 《青海省情》编委会编《青海省情》，青海人民出版社，1986。

海拔 （米）	气压 （毫巴）	空气密度 （千克/米³）	大气含氧量 （千克/米³）	大气含氧量 比例（%）	纯水沸点 （℃）
4000	607	0.774	0.186	66	87
5000	535	0.683	0.166	59	84
6000	472	0.603	0.149	53	80
7000	418	0.532	0.133	47	77

注：大气含氧量比例是指一定海拔大气含氧量相当于海平面大气含氧量的百分比。

资料来源：徐华鑫编著《西藏自治区地理》，西藏人民出版社，1986，第42页。

青海省辖2个地级市、6个自治州、7个市辖区、5个县级市、32个县，37个街道、144个镇、194个乡、28个民族乡，493个居委会、4144个村委会①。其地形西高东低且由河湟谷地、祁连山地、柴达木盆地及青南高原构成基本骨架。西宁和海东等是海拔2500米以下温暖区（年平均气温3~9℃），海西州是海拔3000米左右的较温暖区（年平均气温2~5℃），玉树州和果洛州等是海拔4000~5500米的较寒冷区（年平均气温-2℃），玉树州五道梁地区是海拔5000米以上的寒冷区（年平均气温-6℃）。

青海的年日照时数在2300小时至3600小时之间，其太阳辐射值仅次于西藏，居全国第二位，年均为140~177千卡/厘米²，并从东南向西北递增。其中东南和东北部河谷地带为145千卡/厘米²，柴达木地区为165千卡/厘米²，盆地中部为170千卡/厘米²。青南地区5月辐射值最大，其他地区6月辐射值最大，且夏季大冬季小②。地区土地构成以草地、山地、戈壁、沙漠为主，农林地比重低，大体呈现四种地貌形态，即黄土高原区、柴达木盆地、环青海湖区、青南高原，土壤主要为栗钙土、灰钙土、沼泽盐土、风沙土、草甸土、灰褐土等类型。

青海的大风和沙尘暴较多，且随海拔升高及峡谷地势增强而增多。

---

① 此处资料统计截止时间为2020年。参见中国行政区划网，http://www.xzqh.org.cn，最后访问日期：2022年10月12日。

② 《青海省情》编委会编《青海省情》，青海人民出版社，1986。

青南高原、祁连山地、柴达木盆地为大风及沙尘暴最多地区，西宁等地属较多地区，河湟谷地最少。青南高原 7 级及以上沙尘天可达 30 天，五道梁、沱沱河等为沙尘暴多发中心。此外，青海降雨的地区和季节差异明显，年均降雨 17.6 ~ 764.4 毫米，其中青南高原最多（年均降雨 500 毫米以上），河湟谷地较多（年均降雨 300 ~ 400 毫米），柴达木盆地边缘地区次较多（年降雨 160 ~ 180 毫米），柴达木盆地最少（年均降雨 50 毫米以下）[1]。青南高原海拔 3800 米以上为降雪最多地区（年降雪 110 ~ 185 天），祁连山地等海拔 3800 米以下为降雪较多地区（年降雪 54 ~ 102 天）。灾害与极端天气事件成为影响地区传统安全与非传统安全的重要因素[2]。

西藏自治区辖 6 个地级市、1 个地区、8 个市辖区、66 个县，21 个街道、142 个镇、525 个乡、9 个民族乡、243 个居委会、5256 个村委会[3]。西藏东南的察隅、波密、林芝是海拔 2300 ~ 3000 米的温暖区（年平均气温 8.5 ~ 11.8℃），拉萨、昌都、日喀则、江孜是海拔 3000 ~ 4000 米的较温暖区（年平均气温 4.7 ~ 7.6℃），当雄、定日、帕里是海拔 4000 ~ 4500 米的较寒冷区（年平均气温 -0.1 ~ 1.3℃），那曲、安多等是海拔 4500 米及以上的寒冷区（年平均气温 -1.9 ~ -3.0℃）。

西藏的年日照时数呈现西北多东南少特点（一般为 2000 小时，最高为 3446 小时），其太阳总辐射值为全国最大，年均为 150 ~ 200 千卡/厘米^2，随着海拔升高辐射相应增强。其中东部海拔 3200 米的昌都地区辐射值为 145 千卡/厘米^2，中部海拔 3600 米的拉萨地区辐射值为 191 千卡/厘米^2，西部海拔 4200 米的狮泉河地区辐射值为 193 千卡/厘米^2，北部海拔 4500 米的那曲地区辐射值为 162 千卡/厘米^2，南部海拔 5000 米的珠峰北坡为 200 千卡/厘米^2[4]。地区土地构成以草地、林地为主，耕地比重小，大体呈现六种地貌形态，即喜马拉雅南翼森林区、藏东山地森林区、藏东

① 青海省地方志编纂委员会编《青海省志·气象志》，黄山书社，1996。
② 马晓东：《三江源区生态危机治理研究》，西安交通大学出版社，2015。
③ 此处资料统计截止时间为 2020 年。参见中国行政区划网，http://www.xzqh.org.cn，最后访问日期：2022 年 10 月 12 日。
④ 徐华鑫编著《西藏自治区地理》，西藏人民出版社，1986。

北高山草甸区、藏南山地灌丛草原区、藏北高山草原区、藏西北高山荒漠区，土壤主要为黑毡土、草甸土、巴嘎土、莎嘎土、高山漠土、高山寒漠土等类型。

西藏是全国大风最多地区，且随地形、季节变化明显，以羌塘高原那曲、喜马拉雅山北麓等地最多。地区冰雹和雷暴为全国最多，降雨地区差异明显，其中藏东南最多（年均降雨 2500 毫米），雅鲁藏布江谷地较多（年均降雨 400～800 毫米），藏北高原最少（年均降雨 100～300 毫米）。降雪主要集中在藏北和藏南地区，年均降雪分别为 140 毫米和 200～300 毫米，这两个地区历史上雪灾发生频率较高①。

二　青藏高原的隆升运动

（一）青藏高原隆升运动及其地质构造

青藏高原地形呈现西北高东南低、地壳超厚及群山连绵的特点，其自南向北主要由喜马拉雅地块、拉萨地块、羌塘地块、巴颜喀拉地块、昆仑地块、柴达木地块，雅鲁藏布江衔接带、怒江衔接带、金沙江衔接带、东昆仑南缘衔接带、西昆仑祁连衔接带，喀喇昆仑断裂带、昆仑北坡断裂带、柴达木北缘断裂带、祁连山断裂带等组合而成，目前形成了多地块、多衔接带、多断裂带的特殊地质构造②。

青藏高原是印度洋板块与亚欧板块相互作用及长期复杂演化的结果，其大体经历了海洋消亡、大陆碰撞与内部变形、高原隆升与造山运动、剥蚀夷平等长期的地质演化过程。南北方向强力的叠加挤压及东西方向的拉伸扩展，最终使青藏高原从特提斯海逐步抬升为陆地，进而隆升为高原。其隆升过程可分为四个阶段③。

第一阶段为印度洋板块向北漂移俯冲到亚欧板块之下，特提斯海消退成为陆地，使拉萨地块、羌塘地块、昆仑地块挤压增厚，雅鲁藏布江衔接

---

① 徐华鑫编著《西藏自治区地理》，西藏人民出版社，1986。
② 肖常序、李廷栋主编《青藏高原的构造演化与隆升机制》，广东科技出版社，2000。
③ 孙鸿烈、郑度主编《青藏高原形成演化与发展》，广东科技出版社，1998。

带火山岩浆喷出及其他岩石熔化碎裂。

第二阶段为印度洋板块持续向亚洲大陆挤压，高原东部、横断山、澜沧江等地断裂活动显著，喜马拉雅地块强烈抬升。

第三阶段为青藏高原继续受印度洋板块挤压而抬升，拉萨地块和喜马拉雅地块因软流圈上升而地热活动剧烈。

第四阶段是青藏高原强烈隆升时期，高原中部及川滇西部地区不断剥蚀填充形成夷平面，高原季风形成，导致干冷气候。

总体来看，青藏高原隆升关键事件始于板块碰撞，且随着印度洋板块向亚欧板块至今仍在持续的"碰撞－俯冲－挤压－叠加"及其"热力－压力－平衡力"作用，其隆升呈现阶段性、非匀速、再循环的多轮次漫长复杂的"威尔逊旋回"的地质演化①，形成高原中部平缓微起伏的重力与高原周边大梯度重力及地壳中部厚边缘浅等一系列复杂地质构造，最终成为世界屋脊和地球第三极。

（二）青藏高原地震带分布及其地震类型

青藏高原地震活动强烈，其地震分布与北东向、北西向和南北向的断裂带关系密切，并以高原隆升过程中拉张挤压等复杂作用下的浅源性地震为主。青藏高原分布有多条地震带，喜马拉雅山、巴颜喀拉山、祁连山等地区的地震活动最集中。根据地质构造、地壳结构及地震强度的划分标准，青海有五个地震带，即祁连山地震带、柴达木地震带、巴颜喀拉山地震带、唐古拉地震带、阿尔金地震带；西藏有九个地震带，即波密－墨脱地震带、桑日－错那地震带、当雄－羊八井－多庆错地震带、申扎－定结地震带、双办－当惹雍错－古错地震带、依布茶卡－达瓦错－杰萨错地震带、玛尔盖茶卡－仓木错－帕龙错地震带、阿鲁错－拉姆错－阿果错地震带、泽错－噶尔－普兰地震带。另外，还有鲜水河地震带、金沙江地震带、松潘－较场地震带、中甸－大理地震带、天水地震带（见表1－2）。

----

① 所谓威尔逊旋回指地壳拉张破裂－沉降扩张为大洋－挤压收缩－海洋消亡－大陆碰撞造山－剥蚀夷平的反复过程。参见孙鸿烈、郑度主编《青藏高原形成演化与发展》，广东科技出版社，1998。

同时，青藏高原地震序列类型以"主余震型""孤立型""双震型""多震型"为主（见表1-3）。"主余震型"指地震主震强烈且释放主要能量并伴随着很多余震的地震序列类型，这种类型是青藏高原地震的主流，玉树"4·14"地震、门源"1·21"地震、当雄"10·6"地震等都属此类典型。"孤立型"指少有甚至没有前震或余震且主震能够一次性释放主要能量的地震序列类型，这种类型也是青藏高原地震的主要类型。"双震型"指前后两次地震都为主震且震级相同而没有余震的地震序列类型。"多震型"指地震次数多且震级相近而没有明显主震或地震能量多次释放的地震序列类型。另外，青藏高原地震均属浅源性地震，其震源深度多发生在距离地表30千米范围内。

表1-2 青藏高原主要地震带分布概况

类别	地震带名称	主要涉及地区	地震活动特点
青海地震带	祁连山地震带	祁连县、门源县	频度较高、强度较小
	柴达木地震带	德令哈市、茫崖地区	频度较高、强度较小
	巴颜喀拉山地震带	果洛州、玉树州	频度低、强度大
	唐古拉地震带	玉树州	频度较高、强度较小
	阿尔金地震带	青海、新疆、甘肃交界区	频度低、强度小
西藏地震带	波密-墨脱地震带	波密县、墨脱县	频度低、强度大
	桑日-错那地震带	桑日县、错那县	频度高、强度大
	当雄-羊八井-多庆错地震带	当雄县、亚东县、马尔康市	频度高、强度大
	申扎-定结地震带	申扎县、定结县	频度高、强度小
	双办-当惹雍错-古错地震带	尼玛县、定日县	频度高、强度大
	依布茶卡-达瓦错-杰萨错地震带	措勤县、尼玛县	频度低、强度小
	玛尔盖茶卡-仓木错-帕龙错地震带	尼玛县、改则县、仲巴县	频度较低、强度较小
	阿鲁错-拉姆错-阿果错地震带	日土县、措勤县、浪卡子县	频度低、强度小
	泽错-噶尔-普兰地震带	日土县、噶尔县、普兰县	频度高、强度较小

续表

类别	地震带名称	主要涉及地区	地震活动特点
其他地震带	鲜水河地震带	甘孜州、阿坝州	频度高、强度大
	金沙江地震带	甘孜州	频度高、强度较大
	松潘－较场地震带	阿坝州	频度低、强度小
	中甸－大理地震带	迪庆州	频度较高、强度较小
	天水地震带	甘南州	频度低、强度较小

资料来源：史国枢主编《青海自然灾害》，青海人民出版社，2003；韩同林：《试论西藏地震带及地震烈度的区域划分》，《中国地质科学院院报》1989 年第 19 期。

表 1－3 20 世纪 70 年代以来青藏高原 5.0 级及以上地震序列类型出现次数

单位：次

地区	主余震型	孤立型	双震型	多震型	其他型
青海	32	16	10	4	2
西藏	38	5	13	2	5
其他	15	5	2	2	1

资料来源：中国地震信息网，http://www.csi.ac.cn，最后访问日期：2017 年 4 月 5 日。

（三）青藏高原地震"震级－时间"序列集

20 世纪 70 年代以来，青藏高原部分 5.0 级及以上地震"震级－时间"序列集见表 1－4 至表 1－14。

1. 青海地震"震级－时间"序列集

表 1－4 青海主余震型序列集

1 级及以上地震	633 次	
最大余震	4.1 级	
6.0～6.9 级地震	1 次	
5.0～5.9 级地震	0 次	
4.0～4.9 级地震	1 次	
3.0～3.9 级地震	19 次	
2.0～2.9 级地震	111 次	
1.0～1.9 级地震	501 次	

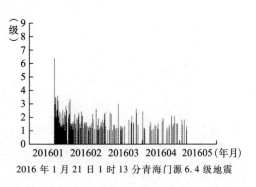

2016 年 1 月 21 日 1 时 13 分青海门源 6.4 级地震

1 级及以上地震	12 次
5.0～5.9 级地震	1 次
4.0～4.9 级地震	0 次
3.0～3.9 级地震	2 次
2.0～2.9 级地震	2 次
1.0～1.9 级地震	7 次

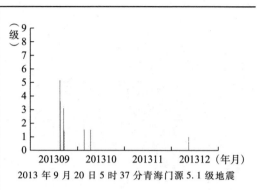

2013 年 9 月 20 日 5 时 37 分青海门源 5.1 级地震

1 级及以上地震	21 次
5.0～5.9 级地震	1 次
4.0～4.9 级地震	0 次
3.0～3.9 级地震	4 次
2.0～2.9 级地震	5 次
1.0～1.9 级地震	11 次

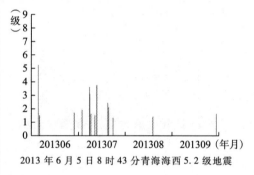

2013 年 6 月 5 日 8 时 43 分青海海西 5.2 级地震

1 级及以上地震	28 次
5.0～5.9 级地震	1 次
4.0～4.9 级地震	0 次
3.0～3.9 级地震	1 次
2.0～2.9 级地震	4 次
1.0～1.9 级地震	22 次

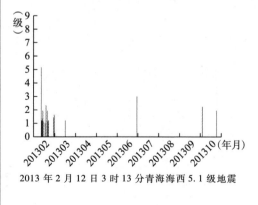

2013 年 2 月 12 日 3 时 13 分青海海西 5.1 级地震

1 级及以上地震	44 次
5.0～5.9 级地震	1 次
4.0～4.9 级地震	0 次
3.0～3.9 级地震	4 次
2.0～2.9 级地震	11 次
1.0～1.9 级地震	28 次

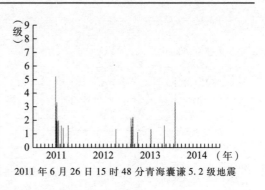

2011 年 6 月 26 日 15 时 48 分青海囊谦 5.2 级地震

1 级及以上地震	1161 次
7.0～7.9 级地震	1 次
6.0～6.9 级地震	1 次
5.0～5.9 级地震	4 次
4.0～4.9 级地震	12 次
3.0～3.9 级地震	38 次
2.0～2.9 级地震	209 次
1.0～1.9 级地震	896 次

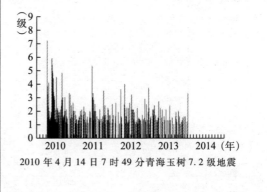

2010 年 4 月 14 日 7 时 49 分青海玉树 7.2 级地震

1 级及以上地震	1304 次
6.0～6.9 级地震	3 次
5.0～5.9 级地震	9 次
4.0～4.9 级地震	25 次
3.0～3.9 级地震	59 次
2.0～2.9 级地震	296 次
1.0～1.9 级地震	912 次

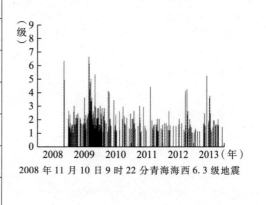

2008 年 11 月 10 日 9 时 22 分青海海西 6.3 级地震

1 级及以上地震	13 次
5.0~5.9 级地震	1 次
4.0~4.9 级地震	0 次
3.0~3.9 级地震	2 次
2.0~2.9 级地震	6 次
1.0~1.9 级地震	4 次

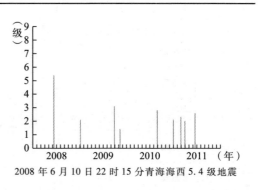

2008 年 6 月 10 日 22 时 15 分青海海西 5.4 级地震

1 级及以上地震	40 次
5.0~5.9 级地震	1 次
4.0~4.9 级地震	0 次
3.0~3.9 级地震	5 次
2.0~2.9 级地震	23 次
1.0~1.9 级地震	11 次

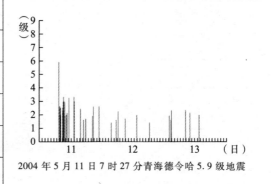

2004 年 5 月 11 日 7 时 27 分青海德令哈 5.9 级地震

1 级及以上地震	75 次
6.0~6.9 级地震	1 次
5.0~5.9 级地震	0 次
4.0~4.9 级地震	4 次
3.0~3.9 级地震	3 次
2.0~2.9 级地震	39 次
1.0~1.9 级地震	28 次

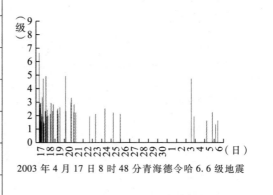

2003 年 4 月 17 日 8 时 48 分青海德令哈 6.6 级地震

2 级及以上地震	9 次
8.0~8.9 级地震	1 次
7.0~7.9 级地震	0 次
6.0~6.9 级地震	0 次
5.0~5.9 级地震	0 次
4.0~4.9 级地震	5 次
3.0~3.9 级地震	2 次
2.0~2.9 级地震	1 次

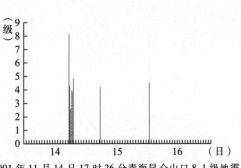

2001 年 11 月 14 日 17 时 26 分青海昆仑山口 8.1 级地震

1 级及以上地震	24 次
5.0~5.9 级地震	1 次
4.0~4.9 级地震	0 次
3.0~3.9 级地震	3 次
2.0~2.9 级地震	2 次
1.0~1.9 级地震	18 次

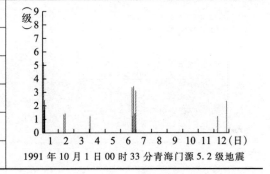

1991 年 10 月 1 日 00 时 33 分青海门源 5.2 级地震

1 级及以上地震	37 次
6.0~6.9 级地震	1 次
5.0~5.9 级地震	0 次
4.0~4.9 级地震	1 次
3.0~3.9 级地震	5 次
2.0~2.9 级地震	20 次
1.0~1.9 级地震	10 次

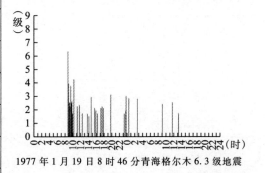

1977 年 1 月 19 日 8 时 46 分青海格尔木 6.3 级地震

表 1-5 青海孤立型序列集

2 级及以上地震	2 次	
5.0~5.9 级地震	1 次	
4.0~4.9 级地震	0 次	
3.0~3.9 级地震	0 次	
2.0~2.9 级地震	1 次	2006 年 3 月 30 日 7 时 38 分青海格尔木 5.2 级地震

1 级及以上地震	10 次	
5.0~5.9 级地震	1 次	
4.0~4.9 级地震	0 次	
3.0~3.9 级地震	0 次	
2.0~2.9 级地震	3 次	
1.0~1.9 级地震	6 次	1994 年 2 月 16 日 5 时 9 分青海共和 5.8 级地震

1 级及以上地震	14 次	
6.0~6.9 级地震	1 次	
5.0~5.9 级地震	0 次	
4.0~4.9 级地震	0 次	
3.0~3.9 级地震	0 次	
2.0~2.9 级地震	2 次	
1.0~1.9 级地震	11 次	1993 年 10 月 26 日 19 时 38 分青海祁连 6.0 级地震

表 1-6　青海双震型序列集

1 级及以上地震	47 次	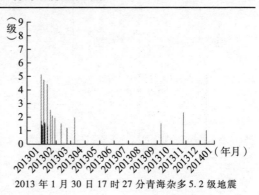
5.0～5.9 级地震	1 次	
4.0～4.9 级地震	2 次	
3.0～3.9 级地震	4 次	
2.0～2.9 级地震	11 次	
1.0～1.9 级地震	29 次	2013 年 1 月 30 日 17 时 27 分青海杂多 5.2 级地震
1 级及以上地震	409 次	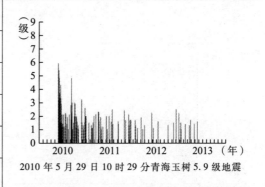
5.0～5.9 级地震	3 次	
4.0～4.9 级地震	6 次	
3.0～3.9 级地震	16 次	
2.0～2.9 级地震	97 次	
1.0～1.9 级地震	287 次	2010 年 5 月 29 日 10 时 29 分青海玉树 5.9 级地震
1 级及以上地震	1120 次	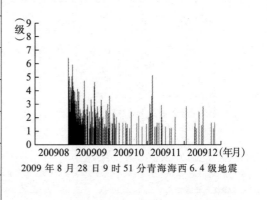
6.0～6.9 级地震	1 次	
5.0～5.9 级地震	6 次	
4.0～4.9 级地震	19 次	
3.0～3.9 级地震	61 次	
2.0～2.9 级地震	297 次	
1.0～1.9 级地震	736 次	2009 年 8 月 28 日 9 时 51 分青海海西 6.4 级地震

| 5 级及以上地震 | 1 次 | |
| 5.0~5.9 级地震 | 1 次 | |

2006 年 7 月 19 日 17 时 53 分青海玉树 5.6 级地震

1 级及以上地震	16 次	
5.0~5.9 级地震	2 次	
4.0~4.9 级地震	0 次	
3.0~3.9 级地震	0 次	
2.0~2.9 级地震	9 次	
1.0~1.9 级地震	5 次	

2004 年 5 月 4 日 13 时 4 分青海德令哈 5.5 级地震

表 1-7　青海多震型序列集

1 级及以上地震	67 次	
5.0~5.9 级地震	1 次	
4.0~4.9 级地震	2 次	
3.0~3.9 级地震	11 次	
2.0~2.9 级地震	21 次	
1.0~1.9 级地震	32 次	

2008 年 6 月 18 日 16 时 12 分青海海西 5.0 级地震

4 级及以上地震	6 次	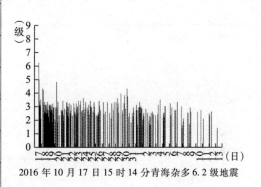
5.0 ~ 5.9 级地震	3 次	
4.0 ~ 4.9 级地震	3 次	2001 年 11 月 19 日 5 时 59 分青海治多 5.7 级地震

表 1 - 8　青海其他型序列集

1 级及以上地震	902 次	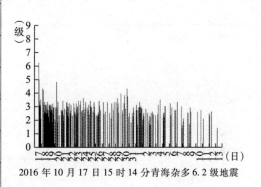
最大余震	5.0 级	
6.0 ~ 6.9 级地震	1 次	
5.0 ~ 5.9 级地震	4 次	
4.0 ~ 4.9 级地震	24 次	
3.0 ~ 3.9 级地震	160 次	
2.0 ~ 2.9 级地震	543 次	2016 年 10 月 17 日 15 时 14 分青海杂多 6.2 级地震
1.0 ~ 1.9 级地震	170 次	

5 级及以上地震	1 次	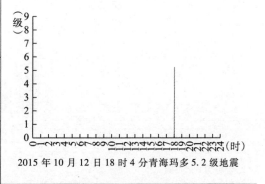
最大余震	5.2 级	
5.0 ~ 5.9 级地震	1 次	2015 年 10 月 12 日 18 时 4 分青海玛多 5.2 级地震

2. 西藏地震"震级-时间"序列集

表1-9 西藏主余震型序列集

1级及以上地震	235次
6.0～6.9级地震	1次
5.0～5.9级地震	1次
4.0～4.9级地震	4次
3.0～3.9级地震	7次
2.0～2.9级地震	51次
1.0～1.9级地震	171次

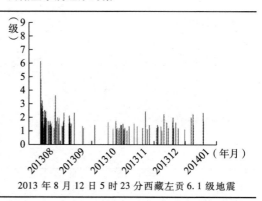

2013年8月12日5时23分西藏左贡6.1级地震

1级及以上地震	57次
5.0～5.9级地震	1次
4.0～4.9级地震	0次
3.0～3.9级地震	2次
2.0～2.9级地震	9次
1.0～1.9级地震	45次

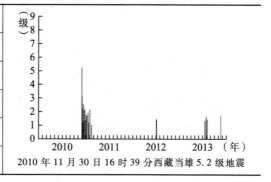

2010年11月30日16时39分西藏当雄5.2级地震

1级及以上地震	546次
6.0～6.9级地震	1次
5.0～5.9级地震	3次
4.0～4.9级地震	3次
3.0～3.9级地震	35次
2.0～2.9级地震	157次
1.0～1.9级地震	347次

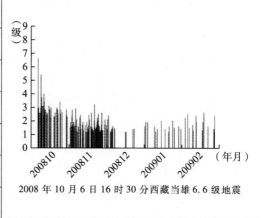

2008年10月6日16时30分西藏当雄6.6级地震

1 级及以上地震	186 次
6.0~6.9 级地震	1 次
5.0~5.9 级地震	1 次
4.0~4.9 级地震	3 次
3.0~3.9 级地震	19 次
2.0~2.9 级地震	139 次
1.0~1.9 级地震	23 次

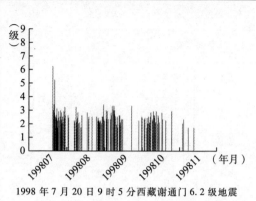

1998 年 7 月 20 日 9 时 5 分西藏谢通门 6.2 级地震

表 1 - 10　西藏孤立型序列集

2 级及以上地震	3 次
5.0~5.9 级地震	1 次
4.0~4.9 级地震	0 次
3.0~3.9 级地震	0 次
2.0~2.9 级地震	2 次

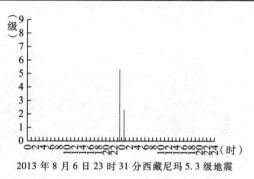

2013 年 8 月 6 日 23 时 31 分西藏尼玛 5.3 级地震

表 1 - 11　西藏其他型序列集

2 级及以上地震	14 次
最大主震	5.8 级
5.0~5.9 级地震	1 次
4.0~4.9 级地震	0 次
3.0~3.9 级地震	0 次
2.0~2.9 级地震	13 次

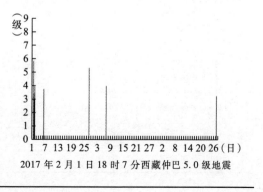

2017 年 2 月 1 日 18 时 7 分西藏仲巴 5.0 级地震

1 级及以上地震	219 次
最大主震	5.6 级
5.0～5.9 级地震	2 次
4.0～4.9 级地震	4 次
3.0～3.9 级地震	18 次
2.0～2.9 级地震	96 次
1.0～1.9 级地震	99 次

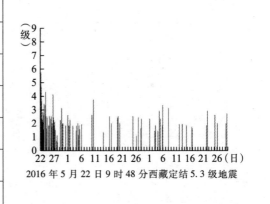

2016 年 5 月 22 日 9 时 48 分西藏定结 5.3 级地震

1 级及以上地震	112 次
最大余震	5.2 级
5.0～5.9 级地震	2 次
4.0～4.9 级地震	4 次
3.0～3.9 级地震	22 次
2.0～2.9 级地震	78 次
1.0～1.9 级地震	6 次

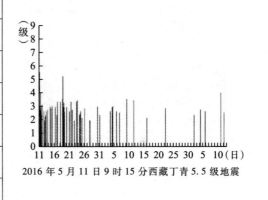

2016 年 5 月 11 日 9 时 15 分西藏丁青 5.5 级地震

1 级及以上地震	39 次
最大余震	4.1 级
5.0～5.9 级地震	1 次
4.0～4.9 级地震	1 次
3.0～3.9 级地震	8 次
2.0～2.9 级地震	20 次
1.0～1.9 级地震	9 次

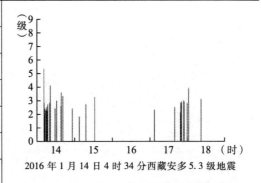

2016 年 1 月 14 日 4 时 34 分西藏安多 5.3 级地震

3. 高原其他地区地震"震级-时间"序列集

表 1-12 高原其他地区主余震型序列集

1 级及以上地震	644 次	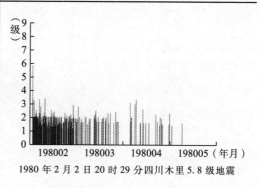
5.0~5.9 级地震	1 次	
4.0~4.9 级地震	0 次	
3.0~3.9 级地震	9 次	
2.0~2.9 级地震	132 次	
1.0~1.9 级地震	502 次	1980 年 2 月 2 日 20 时 29 分四川木里 5.8 级地震

1 级及以上地震	887 次	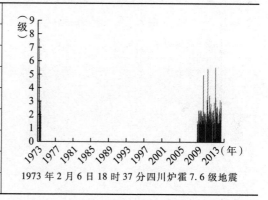
最大余震	6.0 级	
7.0~7.9 级地震	1 次	
6.0~6.9 级地震	1 次	
5.0~5.9 级地震	6 次	
4.0~4.9 级地震	4 次	
3.0~3.9 级地震	19 次	
2.0~2.9 级地震	183 次	
1.0~1.9 级地震	673 次	1973 年 2 月 6 日 18 时 37 分四川炉霍 7.6 级地震

1 级及以上地震	985 次	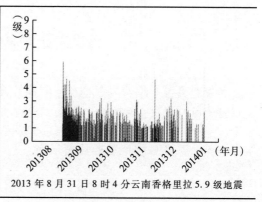
5.0~5.9 级地震	1 次	
4.0~4.9 级地震	8 次	
3.0~3.9 级地震	17 次	
2.0~2.9 级地震	215 次	
1.0~1.9 级地震	744 次	2013 年 8 月 31 日 8 时 4 分云南香格里拉 5.9 级地震

表1-13 高原其他地区多震型序列集

1级及以上地震	4840 次
7.0~7.9 级地震	2 次
6.0~6.9 级地震	1 次
5.0~5.9 级地震	3 次
4.0~4.9 级地震	11 次
3.0~3.9 级地震	88 次
2.0~2.9 级地震	1123 次
1.0~1.9 级地震	3612 次

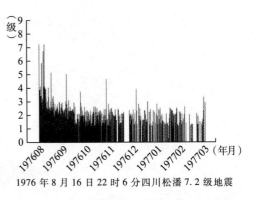

1976 年 8 月 16 日 22 时 6 分四川松潘 7.2 级地震

表1-14 高原其他地区孤立型序列集

1级及以上地震	77 次
6.0~6.9 级地震	1 次
5.0~5.9 级地震	0 次
4.0~4.9 级地震	0 次
3.0~3.9 级地震	0 次
2.0~2.9 级地震	6 次
1.0~1.9 级地震	70 次

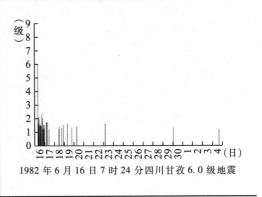

1982 年 6 月 16 日 7 时 24 分四川甘孜 6.0 级地震

三 青藏高原地震灾害表现

根据对青藏高原地震"震级－时间"序列集、地震带分布与地震活动及区域经济社会状况等的综合分析，发现青藏高原地震灾害有如下特点。

（一）青藏高原地震活动频率高

1970~2016 年，高原地区 5.0 级及以上地震发生 145 次，年均发生

5.0 级及以上地震 3 次，属我国地震次数最多地区①。1900 ~ 2016 年，青海与西藏 8.0 级及以上地震发生 3 次②，7.0 ~ 7.9 级地震发生 13 次，6.0 ~ 6.9 级地震发生 140 次，分别占全国的 37.5%、14.6% 和 18.7%。也就是说，青海和西藏平均每 39 年发生 1 次 8.0 级及以上地震，平均每 9 年发生一次 7.0 ~ 7.9 级地震，平均每 0.8 年发生 1 次 6.0 ~ 6.9 级地震，地震活动频繁。

20 世纪 70 年代以来，青海和西藏分别有 18 个和 26 个州市县发生过至少 1 次 5.0 级及以上地震，青海海西地区和西藏尼玛县 5.0 级及以上地震分别达到了 13 次和 11 次之多。公元 318 ~ 2016 年青海和西藏分别有 44 个和 120 个地方发生过至少 1 次 3.0 级及以上地震③，其中青海的唐古拉山等地和西藏的察隅等地为地震多发地区，地震最多地区平均每 11 年就发生 1 次 3.0 级及以上地震④。

（二）青藏高原地震活动类型多

青藏高原是中国地震活动频繁地区，其地震活动包括"主余震型"、"孤立型"、"双震型"、"多震型"及"其他型"等序列类型，其中青海海西地区、西藏尼玛县、四川甘孜州等地属多种地震序列类型交织地区。青藏高原近 50 年地震数据显示，震源深度平均为 15 千米，最深为西藏札达 6.9 级地震，为 40 千米，最浅为青海海西 5.0 级地震和甘肃天祝 5.9 级地震，为 3 千米⑤，大部分地区震源深度为 10

---

① 根据中国地震信息网资料，20 世纪 70 年代以来，新疆发生地震 156 次，云南发生地震 117 次，青海发生地震 64 次，西藏发生地震 63 次，为地震多发地区。参见中国地震信息网，http://www.csi.ac.cn，最后访问日期：2017 年 4 月 5 日。

② 1900 年以来，青海、西藏 8.0 级及以上地震分别为 1950 年 8 月 15 日发生在西藏察隅和墨脱的 8.6 级地震、1951 年 11 月 18 日发生在西藏当雄附近的 8.0 级地震、2001 年 11 月 14 日发生在青海昆仑山口的 8.1 级地震。参见中国地震信息网，http://www.csi.ac.cn，最后访问日期：2017 年 4 月 5 日。

③ 根据中国地震信息网数据进行了整理计算。

④ 此处数据计算是以西藏察隅公元 642 ~ 2016 年的地震次数为基准。

⑤ 西藏札达 6.9 级地震发生时间为 1975 年 1 月 19 日 16 时 2 分。青海海西 5.0 级地震发生时间为 2008 年 6 月 18 日 16 时 12 分。甘肃天祝 5.9 级地震发生时间为 1990 年 10 月 20 日 16 时 7 分。参见中国地震信息网，http://www.csi.ac.cn，最后访问日期：2017 年 4 月 5 日。

千米。另外，除西藏错那与南木林地震及青海茫崖地震震源深度分别达到 180 千米、107 千米和 60 千米外，其余均以浅源性地震为主[①]。根据 20 世纪以来地震数据，国内灾害性地震震源深度一般在 14 千米左右[②]。

青藏高原地震余震活动与地震带的活跃性和地质构造显著关联且在青海玉树和海西地区、四川甘孜等地表现最为突出。根据近 50 年的地震实例，青藏高原地震余震活动频繁，其中单次地震余震活动超过 100 次（≤1.9 级）的有 26 次地震，占该地区和全国地震余震活动的 17% 和 4.3%，值得注意的是，该区域单次地震中发生 501 次以上或 1001 次以上余震活动的数量多[③]。

（三）青藏高原地震活动周期短

青藏高原地震主要集中在青海南部、西部及北部地区，以及西藏东南部和南部地区。根据各地区有资料记载的统计周期显示，青藏高原有 43 个地区平均每 10 年就发生 1 次地震，并且大部分地区最短周期为 1 年，超过一半地区最长周期为 35 年[④]。也就是说，青藏高原地震活动周期属 "快频型"，即地震活动呈现短促快频特点。

青藏高原地震震级集中于 5.0 ~ 5.9 级，该震级范围内地震占地震总数的近 60%，并且青藏高原 64 个统计地区平均每地发生 8 次 5.0 ~

---

① 西藏错那地震指 1941 年 1 月 21 日 20 时 42 分发生的 6.75 级地震和 1941 年 1 月 27 日 10 时 30 分发生的 6.5 级地震。西藏南木林地震指 1976 年 9 月 14 日 14 时 43 分发生的 5.3 级地震。青海茫崖地震指 1960 年 5 月 24 日 16 时 29 分发生的 4.75 级地震。参见中国地震信息网，http://www.csi.ac.cn，最后访问日期：2017 年 4 月 5 日。

② 此处是玉树 "4·14" 地震、汶川 "5·21" 地震、舟曲 "4·28" 地震、唐山 "7·28" 地震、通海 "1·5" 地震、邢台 "3·8" 地震、昭通 "5·11" 地震、炉霍 "2·6" 地震、海原 "12·26" 地震、古浪 "5·23" 地震十大破坏性地震震源深度的平均值。除了玉树 "4·14" 地震和舟曲 "4.28" 地震震源深度为 33 千米和 7 千米外，其余地震震源深度都在 10 千米左右。

③ 此处是对青藏高原 1970 ~ 2016 年 152 个地震实例的整理计算。数据来源于中国地震信息网，http://www.csi.ac.cn，最后访问日期：2017 年 4 月 5 日。

④ 地震数量是指该地区有统计资料记载以来总共发生的地震次数（数据截至 2017 年），平均发震周期指截至 2017 年该地区有记载的地震平均数，最短周期指上一次地震与下一次地震的最短间隔时间（至少以 1 个月为周期），最长周期指上一次地震与下一次地震的最长间隔时间。

5.9 级地震[①]。另外，青藏高原 6.0 ~ 6.9 级地震也较集中，每 10 次地震中至少有 1 次在该震级范围内。青藏高原 64 个统计地区平均每地发生 2 次 6.0 ~ 6.9 级地震。

另外，西藏东南部、青海玉树地区及喜马拉雅山北麓中西部、唐古拉山、祁连山地区为地震密集区，西藏中部、青海中西部等地为地震较密集区，西藏西北部、青海东部等地为地震稀少区。西宁、拉萨的地震周期及地震震级都呈现出中震多的特点，西宁平均发震周期为 322 年发生 1 次且其 1319 年以来没有地震记录，拉萨的平均发震周期近乎 80 年发生 1 次且其 1992 年以来没有地震记录。

（四）青藏高原地震活动昼夜差小

根据对青藏高原 64 个地区 908 次地震的 24 小时制时间分析[②]，其地震活动在 0：00 ~ 5：59、6：00 ~ 11：59、12：00 ~ 17：59、18：00 ~ 23：59 四个时间分区的分布保持均衡稳定[③]，即每一次地震无论震级大小发生在四个时间分区中的概率基本相等。不过，青藏高原地震活动却在不同时间段上存在明显差异，即有地震资料统计显示，在 1900 年以前、1900 ~ 1950 年、1951 ~ 2000 年、2001 ~ 2017 年四个阶段，青藏高原地震活动次数分别为 33 次、175 次、572 次、128 次。从地震次数与时间间隔的比值关系看，20 世纪中后期、21 世纪初期、20 世纪初期分别为青藏高原地震活动次数的密集期、较密集期、次较密集期。

---

① 根据对青海地震次数为 10 次以上的 35 个地区和西藏 4 次以上的 29 个地区的统计计算（总计为 64 个地区）。

② 在 908 次地震中有详细时间记录的是 898 次，剩余 10 次只有年代记录但没有详细时间记录。此处根据中国地震信息网提供的统计数据进行了整理计算。

③ 此处是对 64 个地区地震活动时间分布的长期趋势的统计分析，即地震活动发生在 0：00 ~ 5：59、6：00 ~ 11：59、12：00 ~ 17：59、18：00 ~ 23：59 的统计次数分别达到 238 次、236 次、208 次、216 次，分别占到 26.5%、26.3%、23.2%、24.1%。此处根据中国地震信息网提供的统计数据进行了整理计算。

第二章 "灾害—事件—治理" 新分析框架

建立健全地震灾害应对管理体系是促进国家治理体系与治理能力现代化及增强国家综合防灾减灾救灾能力等战略目标和部署的具体实践，其在经济社会发展中的地位与作用不言而喻。

一 "灾害—事件—治理" 新分析 框架的构建思路

突发事件或灾害应急管理研究主要采用了"应急—管理""灾害—管理"等分析框架。其中，"应急—管理"分析框架认为突发事件是一系列复杂因素导致的，特别是政府或企业的应急管理能力不足导致的，提高与增强政府与企业的效能及应急能力是根本①。"灾害—管理"分析框架则认为自然灾害是人与自然及其环境关系失调的表现形式，灾害管理是综合管理体系，包括灾害管理体制、灾害防御、灾害抗救与灾后恢复等内容②。同时，还有研究采用了"治理—善治"的分析框架，对自然灾害或突发事件的应对管理成为治理与善治内容的重要组成部分③。这些分析框架为认

---

① 〔美〕罗伯特·希斯的《危机管理》、胡宁生主编的《中国政府形象战略》、闪淳昌主编的《应急管理：中国特色的运行模式与实践》等文献中采用了这种分析框架。
② 吕景胜主编的《灾害管理》，史培军、张欢的《中国应对巨灾的机制：汶川地震的经验》，何颖的《玉树地震后政府初期应急响应能力的调研》等文献中采用了这种分析框架。
③ 全球治理委员会的《我们的全球伙伴关系》、俞可平主编的《治理与善治》等文献中对治理与善治理论及其分析框架进行了阐述。

识和解决灾害管理问题等提供了借鉴。

(一) 新分析框架的学科交叉谱系

青藏高原地震及其灾害应急管理研究是涉及管理学、经济学等多个学科的综合性研究,其可以加强各学科间交流对话与成果借鉴。

具体来看,青藏高原地震及其灾害应急管理研究涉及"基础科学研究"、"行为科学研究"及"应用科学研究"学科领域。其研究路径大体是先了解基础科学研究对地震现象的分析解释,然后熟悉行为科学研究对地震灾害的分析解释,再通过应用科学研究对地震灾害应急管理进行研究,减轻地震对经济社会的影响,再不断提升对地震现象及其灾害的认识或适应能力的螺旋上升过程。

其中,基础科学研究主要涉及地理学和地质学等学科,其主要研究的是青藏高原的地貌特征、气候环境,以及青藏高原的形成演变、地质结构、隆升机制等内容。这一领域的研究主要解决的是"青藏高原地震形成原理"、"青藏高原地震时空表现"及"青藏高原地震动力轨迹"等基础学科方面问题。这些研究得到了高度关注并产生了很多有价值或具有前瞻性的研究成果,也为其他学科认识了解青藏高原地震现象或地震灾害奠定了研究基础,发挥出地震基础科学研究的支撑作用和根基作用。只有全面系统了解掌握了地震基础科学研究进展动态,才能形成关于青藏高原地震多发现象及成灾机理的基础知识谱系。

行为科学研究主要涉及社会学和经济学等学科,其主要研究的是地震灾害的经济社会影响、防震减灾工程、灾后恢复重建机制等行为科学方面问题。该研究旨在解释地震对灾区民众的人身财产危害及其响应机制,由此形成了地震社会学等的研究内容,更多地从社会科学的范式方面分析了地震灾害中的人类行为。由于人类行为的复杂性和不确定性,对地震社会问题的反映总是存在着差异性、特殊性,有关地震灾害的行为科学研究仍处于完善发展当中。

应用科学研究主要涉及管理学和公共管理学等学科,其主要研究的是地震灾害的应急响应、应急救援、交通运输等内容,主要解决的是地震应急救助及保障系统等应用方面的问题,重点探讨的是如何有效应对管理地震灾害及灾后恢复重建等，更多地从对策建议的角度来解释地震灾害应急管理。此研究得到政府的重视，目前处于发展阶段。

另外，青藏高原地震及其灾害应急管理研究还属于自然科学与社会科学的交叉研究。其中，自然科学研究主要通过实验、观测、模拟等范式或方法对地震现象及其形成机理进行描述解释，社会科学研究主要通过阐述、归纳、论证等范式或方法对地震危害进行分析解释，这种范式或方法上的交叉结合也可以加强不同学科之间对话交流和成果借鉴，从而推动有关研究的创新发展。

（二）新分析框架的理论整合解释

青藏高原地震及其灾害应急管理研究是涉及灾前、灾中和灾后及政府与社会共同参与应对管理并从政治、经济、社会等方面进行治理以促进人类发展的综合性研究。根据"灾害—事件—治理"的"连续统"的解释框架①，青藏高原地震及其灾害应急管理是连续管理及主动治理的过程，也是全社会共同有序参与的过程。新分析框架既要管理消除来自自然的风险，也要管理解决来自技术的风险，更是灾后恢复重建全部治理活动的总和，它是符合青藏高原区域实际及问题导向的一种解释框架。

抽象来看，"灾害"就是潜在风险的现实表现形式及其对经济社会的危害，灾害管理实质上就是对灾害的风险及其后果的常态管理及适应能力，其主要通过政府自上而下的组织机构、制度体系、保障机制、预警监测及防灾减灾工程使经济社会保持健康可持续发展，由此建立发展起来了有关风险及灾害管理的范畴。当灾害对经济社会造成严重危害或超出常态管理时则称为"事件"，事件管理的实质就是对巨灾的非常态管理或应急管理，其主要包括通过国家或政府的力量进行应急响应救援及恢复重建或由社会力量参与救助等应对措施，由此建立发展起来了应急管理范畴。之后，灾害及其应急管理就进入了反思纠偏及改革补短的"治理"阶段，多

---

① 童星等学者提出的"风险—灾害（突发事件）—危机"的"连续统"的解释框架认为，风险、灾害（突发事件）、危机三个概念之间是有机联系的关系，风险是引发大规模损失的不确定性因素，危机则是某种损失所引发的政治社会后果，突发事件是对灾害概念的扩展。参见童星等《中国应急管理：理论、实践与政策》，社会科学文献出版社，2012。

主体参与治理结构的形成发展及防患于未然的前瞻性机制是消除或减少灾害影响的有效措施，政府、社会及市场机制在灾害治理中发挥协同支撑作用，由此建立发展起来了治理与善治。

具体来看，"灾害—事件—治理"是逐级形成发展演化的螺旋过程。"灾害"是人类社会普遍存在的现象，其有发生发展过程和规律，是对灾害及其风险的识别、预防、治理、恢复等日常管理，为这一螺旋过程的"发生阶段"，其大体是"以过程为导向"的灾害管理机制，灾害及其风险处于小规模可控或潜伏时期。"事件"则是灾害超出日常管理范畴或后果的表现形式，它是自然风险与技术风险共同作用的结果，是对事件及其影响的预警、控制、评估、解决等应急管理，为这一螺旋过程的"化解阶段"，其大体是"以内容为导向"的灾害应急机制，灾害及其风险处于特殊时期。"治理"则是灾害后的适应性学习及反思提升，为这一螺旋过程的"治疗阶段"，其大体是"以应用为导向"的灾害解决机制，是对产生灾害的各种主客观因素的风险化解及全面治理时期。也就是说，每一次灾害的到来都是风险积累的结果，对此既是管理的过程更是治理的过程，而每一次治理都为下一次灾害的到来提供借鉴及改善机制，如此循环往复最终达到善治的彼岸，不断提升人们对灾害的"解决力"及"适应力"。

（三）新分析框架的关系建构

青藏高原地震灾害应急管理是政府、社会及市场合作互补及共同参与应对灾害的有序过程，三者通过灾害及其应急救援这一纽带建立起协同关系，以提升灾害应急救援的软实力。这是由其自身性质或内在逻辑决定的，其完善路径就是通过建立起政府、社会及市场等多元主体的伙伴关系来减轻灾害影响。

从角色功能看[①]，"政府"是地震灾害应急管理主导者和指挥者，管理灾害也是政府的基本职能，其在应急救援、资源保障、制度建设及社会管

---

① 萨瓦斯提出的"公私伙伴关系"（Public-Private Partnerships，PPP）指公共和私营部门共同参与生产及提供物品和服务的任何安排。公私合作形式包括合同承包、特许经营、志愿服务和自我服务等。参见〔美〕E. S. 萨瓦斯《民营化与公私部门的伙伴关系》，周志忍等译，中国人民大学出版社，2002。

理等方面具有不可替代的核心作用，政府成为减轻灾害影响的主要力量，它还在救灾资源配置、慈善志愿活动、支援恢复重建等方面统筹引导着社会和市场在应急救援中的角色，其在灾害应急管理中是根本性、决定性的力量。"社会"是地震灾害应急管理补位者和建设者，其在慈善救助及志愿活动等方面发挥着专业性作用，它是对政府应急救援或市场调节所进行的自发补缺行动，因其调动会集了不同领域不同方面的广大民众及民间组织而形成了志愿洪流，社会成为减轻灾害影响的次要力量。"市场"是地震灾害应急管理生产者和调节者，其在救灾物资生产及市场交易等方面发挥着基础性作用，政府和社会提供给灾区用于应急安置及抗震救灾的基本生活保障物资，基本生活保障物资的稀缺性通过"灾情"这一特殊因素反映出来，当灾情大时，市场不能提供或不能及时提供的救灾物资通过时间成本调节或通过政府和社会补充调节，市场在灾害应急救援中是辅助力量（见表2-1）。

表2-1　地震灾害应急管理伙伴关系框架

内容	主体		
	政府	社会	市场
主要职责	主导者和指挥者	补位者和建设者	生产者和调节者
参与次序	主要力量	次要力量	辅助力量
组织功能	核心作用	专业作用	基础作用
根本目的	公共利益	社会利益	社会兼经济利益
提供服务	救灾管理	慈善服务	救灾物资
服务方式	统筹引导	参与配合	灵活支持
信任程度	最高级别	较高级别	随机级别
信任理念	自然法定	志愿精神	市场法则
参与周期	全过程参与	阶段性参与	部分性参与

二　"灾害—事件—治理"新分析框架的内在逻辑

青藏高原地震灾害应对新分析框架是综合了灾害管理、事件管理及协同治理等理论的全过程管理框架。也就是说，在地震灾害应对阶段上，新框架是循序渐进或分步骤进行的，这是按照地震灾害发生、发展、消弭的阶段特性实施的。在地震灾害应对方式上，新框架是有轻重缓急之分或问题导向的，这是按照地震灾害的紧急或危害程度进行的。同时，在地震灾害应对组织上，新框架是多主体共同参与或有重点进行的，这是对地震灾害利益相关者的功能作用的体现。总体上，新框架意在通过联系的视角，将地震灾害表现性质，分步治理与整体治理、常态治理与非常态治理、部门治理与协同治理、过程治理与事件治理等路径选择，以及灾害、事件和治理等相关理论嵌入地震灾害管理当中，从而对其应对处置提出一种更具解释力的理论框架，以改进对青藏高原地震灾害管理的实践指导。

（一）灾害及其管理

1. 何谓灾害？

（1）灾害感知：现象阐释

人类社会与灾害相伴而行且感知记载着灾害足迹。"灾"的甲骨文为"𡿺""𣲗""𤈦"，《甲骨文字典》将其分别释同"烖""𡿧""災"等字①。"害"曾用作"𡧤""𠣟""害"，会意为伤害、灾祸②。《说文解字》等文献将"天火""水患""兵戈"视为"灾"③。古代文献将"灾"与"害"分别使用，其中"灾"泛指各种自然灾害、疫病、妖祸、战争及危及国运民生的特殊事件。随着语言文字发展及历史进步，逐渐合并使用"灾害"一词。

其间，《淮南子》《竹书纪年》等史料记载了远古及殷商时期的灾害及其状况，主要包括"四极废，九州裂……火爁焱而不灭，水浩洋而不息"④，"一百年地裂，（黄）帝陟"⑤，"尧禹有九年之水，汤有七年之旱"⑥，"洪水滔滔，天下沉渍，九州阏塞，四渎壅闭"⑦，"殷纣时，崤山

---

① 徐中舒主编《甲骨文字典》，四川辞书出版社，1989。
② 许慎撰、段玉裁注《说文解字注》，上海古籍出版社，1981。
③ 许慎撰、段玉裁注《说文解字注》，上海古籍出版社，1981。
④ 高诱注《淮南子注》，上海书店，1986。
⑤ 沈约注《竹书纪年》，商务印书馆，1937。
⑥ 班固：《汉书·食货志》，中华书局，1985。
⑦ 赵晔原著，张觉译注《吴越春秋全译》，贵州人民出版社，1995。

崩，三川涸"① 等内容。此外，《春秋》《史记》《汉书·五行志》《国语》《帝王世纪》《纲鉴大全》等史料较详细记载了水灾、旱灾、地震、蝗灾、雹灾、霜灾、雪灾、疫病等灾情。《宋书·五行志》等文献还较为详细记载了风灾、冰冻、雷电、风暴潮等灾害，如"大风拔木，雨冻杀牛马，雷电晦冥"②。《清史稿》对西宁、阜阳、武进、竹溪、澄海等地严重雪灾进行了记载，如"西宁大雪四十余日，人多冻死"，"竹溪大雪，平地四五尺，河水冻。三水大雪，树俱枯"③。民国时期，濮阳、直隶、汕头等地备受黄河、永定河决堤及台风之害，苏北、定安等地甚至暴发黑热病、鼠疫之灾等④。由此，自殷商到民国的3000多年历史中，各类文献资料对发生在中国版图上的近20种自然灾害进行了统计记载，反映了古代人民见证灾害、认识灾害并不断应对灾害以至将其列为历代施政治国重要内容。新中国成立以来，党和国家十分重视灾害治理，对灾害的记载监测更加科学全面，灾害管理及防灾减灾救灾能力建设成为国家治理体系与治理能力现代化建设的重要方面。

　　灾害的文化形塑作为人类最朴素的情感或认识不断地通过艺术化或抒情化的方式表达了对灾害的生活记忆及人文情感。《山海经》《楚辞》《诗经》等通过神话传说及文学叙事等形式记录水灾、旱灾、地震、疫病、虫灾等灾害且流传于世。其中"禹疏九河，瀹济漯，而注诸海……然后中国可得而食也"⑤ 对大禹治水的社会历史背景、水患的泛滥、疏河治水工程及江河流淌不息哺育华夏文明的历史进行了广泛传扬。"旱魃为虐，如惔如焚"⑥ 反映了旱灾肆虐使举国焦灼痛苦及祭神祈雨的典故。"烨烨震电，不宁不令。百川沸腾，山冢崒崩"⑦ 则对地震来临时的气象、景物、天人感应及震状、震害、天地万物的变化进行了艺术刻画。历代有关灾害的文学或艺术等表现不但源远流长延续至今，同时也对灾

---

① 高诱注《淮南子注》，上海书店，1986。
② 沈约：《宋书》，金陵书局，1873。
③ 赵尔巽等：《清史稿》，中华书局，1977。
④ 邓云特：《中国救荒史》，商务印书馆，1937。
⑤ 万丽华、蓝旭译注《孟子》，中华书局，2006。
⑥ 葛培岭注译评《诗经》，中州古籍出版社，2005。
⑦ 葛培岭注译评《诗经》，中州古籍出版社，2005。

害或灾难带给人类社会的苦难艰辛历程、悲惨伤痛记忆及坚韧不拔情感进行了传承，并将灾害治理融入国运民生大计及治国理政议程中，承载着人们无尽情感与想象。另外，《旧约全书》还记载了有关"诺亚方舟"的传说及水灾、地震、蝗灾、雹灾、疫病、火山爆发等灾害。人类对于灾害的生活记忆及认识历史源远流长，已融入人类生活方方面面。

灾害的遗址通过实地考古及场景再现成为对灾害孕育环境及破坏威力的有力佐证。其中，"青海喇家遗址"就是距今 4000 年前发生在甘青接壤处官亭盆地的地震与黄河洪水灾害遗址，该遗址充分记录了喇家村先民遭受史前灾害导致文明进程中断的信息[①]。"庞贝古城遗址"则记录了古罗马帝国政治、经济、文化中心及远近闻名的繁华都市——庞贝古城在短短数十小时之内被火山与地震灾害焚毁湮灭的历史[②]。此遗址记述了庞贝古城被维苏威火山吞噬前人们对灾害的防范意识及后人刻骨铭心的感悟，更促使政府建立了火山动态监测机构以开展科学研究[③]。这些遗址的共同之处表明灾害并不是发生在不毛之地或是遥远的事情，它既不以人的意志为转移又有着发生发展过程，特别是在长期平静安逸或一切如常的世事面前如果缺乏居安思危或未雨绸缪的防范意识，如果不能建立起有效的体制机制甚或忽视了对灾害文化的建设传承等，那么，一旦灾害降临则难以迅速建立起系统的响应机制加以应对。

（2）灾害预防：工程治理

灾害的不断侵扰及其造成的生存困境又促使人类社会形成对灾害的能动治理机制。中华民族不断适应灾害环境，通过聪明才智和长期实践，把工程治理与灾害预防有机结合，以"疏浚排洪"、"灌溉渠系"、"仓储备荒"、"屯田养民"、"开凿运河"、"植树造林"及"防虫治害"等为代表的治理工程不但缓解减轻了灾害对经济、社会的冲击震荡，而且成为人类

---

① 夏正楷等：《青海喇家遗址史前灾难事件》，《科学通报》2003 年第 11 期。
② 水文：《庞贝：18 小时消失的城市》，《中国减灾》2011 年第 24 期。
③ 金磊：《探访庞贝古城的灾害文化》，《防灾博览》2010 年第 1 期。

历史进步发展的标志。根据文献资料，本研究对上述典型工程开展的历史时代及表现形式进行了概要梳理（见表2－2、表2－3）①，从一个比较直观的侧面反映出历代治灾的重点及与国运民生的联系，借此体现了中国人民积极辩证认识及防范灾害的观念意识。

"疏浚排洪"是黄河水灾方面的治理工程，主要反映了大禹借鉴共工氏、鲧等前人"壅防百川，堕高埋庳"的治水模式，采取"决九川距四海，浚畎浍距川"的方法，即从下游疏浚主河道溯流而上顺势引水入海，并在河岸开凿渠道引洪水至主河道泄洪，终于成功治理了水患，从其工程规模、难度及历时、人工来看堪称奇迹②。

"灌溉渠系"是排洪、防旱抗旱及灌溉等方面的综合治理工程，其作为农业生产基础性工程，成为历代开发最早或最受重视甚至关系国计民生的重大公共工程。中国相继开发了基于井田制及其他农田需要的灌溉及防灾减灾工程，"沟洫灌溉"、"漳水十二渠"、"都江堰"、"坎儿井"和"江南鉴湖"等涉及我国主要流域及沙漠的近乎覆盖全部国土范围的渠系工程在人类治理及适应水旱灾害方面发挥了重要功能。

"仓储备荒"是灾荒饥馑时期的储粮备荒工程，其主要是通过建造粮食仓储设备以国家粮食储备形式适时救济安定灾民，避免社会动乱的灾害救济保障工程。其工程形式包括"委积"、"常平仓"、"正仓"、"太仓"、"军仓"、"义仓"及"社仓"等粮食储备设施，主要采用减免补偿或养恤助困等方式使灾民及鳏寡孤独者能够及时得到生产生活救助，减轻灾害创伤。

"屯田养民"是灾荒战乱恢复时期的开垦荒地及兴修水利工程，其主要通过开垦扩充农田方式来稳定或提高粮食生产能力以防灾民迁徙流移的休养生息、生产恢复工程。此类工程既有服务于政治或军事的性质，也有服务于抗灾备灾及生产自救的性质，有"民屯"、"军屯"、

---

① 表2－2根据文献对中国历代灾害治理工程（以基础设施为主）进行了不完全统计，表中的工程实施时代也是根据文献逻辑顺序进行的不完全统计，但这并不否认此类工程在其他时代仍有不同形式的延续或发展。表2－3根据文献对新中国建立以来的灾害治理工程（以基础设施为主）进行了不完全统计。

② 孟昭华编著《中国灾荒史记》，中国社会出版社，1999。

"商屯"及"圩田"等多种形式。同时通过配套的农田水利工程使其不断得到推广发展，这也成为保障粮食生产及粮食安全的重要举措。

"开凿运河"，运河既是发展经济文化及巩固国家统一的黄金水道，也是灾荒时期运输救灾粮食及救灾物资的交通工程。其主要利用河道资源将国土南北区域联通以开展经济文化交流及发展交通运输，将单纯依赖东西方向河流的水运交通模式转变为综合利用河流资源实现多向运输的水运交通模式，特别是在救灾解难时能够以其经济性或便利性等比较优势成为运输救灾物资的重要通道，并发展成为适用于军事、商贸、文化、救灾等多功能用途的交通运输工程，大运河自开凿至今一直发挥着特殊作用。

此外，在灾害预防准备方面历史上不同时期还实施了"迁都移民"、"植树造林"、"防虫治害"、"堤防修筑"及"盐碱地改良"等工程。新中国成立以来，党和政府更加重视水利设施建设、地震监测、水土保持、自然保护区建设、生态环境保护等防灾减灾工程，提出了"一定要把淮河修好""把黄河的事情办好""一定要根治海河"等决策指导及综合规划。这些工程的建设，反映了中国人民认识及应对灾害并适应灾害过程中的宝贵经验。

因此，灾害治理工程建设既是人类对灾害的内容与形式、过程与结果等不同方面的一种认识感知形式，也是人类对灾害的治理与恢复、破坏与利用等不同途径或不同方式的一种能动适应过程。其特点包括三个方面。一是涉灾面广泛。历代至今的治理工程相继覆盖各类灾害并在灾害预防准备方面发挥了重要作用，假如没有这些工程，人类也许还在灾害深渊中进行长期艰辛探索。二是历代不断积累。历代帝王及政府尤其重视关涉水旱灾害的重大工程，相继实施了治黄、防洪、灌溉等若干水利工程，不断治理水旱灾害并减少了其危害。三是社会效应明显。灾害治理工程对国家长治久安及个人生命财产安全无疑是坚实的保障，其作为基本的公共服务在不同时期或阶段服务于人类发展且产生了深远意义。也就是说，从中国经验来看，人类社会并不是完全消极地受制于灾害或听命于天，也不是一味盲目地征服自然而忘乎所以，人类对于灾害的感知认识与工程治理具有必然的联系并贯穿于人类社会发展始终。

(3) 灾害应对：科层组织

灾害的破坏也促使政府通过组织机构及其职能响应加以应对，并在长期的实践过程中不断将其制度化系统化，灾害管理方式反映的是国家或政府应对及治理灾害的软性机制或组织结构。总体来看，灾害应对组织形式与其所处的灾害环境及历史社会环境紧密联系，从中国经验来看，采取的是"中央"与"地方"相结合的组织形式，即中央政府的统辖管理及其职能响应在灾害应对中发挥着领导指挥等职能，地方政府或基层政府的属地管理及职能设置在灾害应对中承担着执行落实等职能，抑或是上级部门通过层级指令等方式调动指挥下级部门的救灾活动，同级部门一般则是通过职责分工等方式实施救灾活动。

表 2-2　中国历代灾害治理工程

工程内容	实施时代	工程形式	预防灾害
疏浚排洪	尧舜	堤防障水（鲧）	水灾（洪灾）
		筑堤围埝（共工氏）	
	禹	因势疏导	
灌溉渠系	夏商	沟洫灌溉	水灾、旱灾、风暴潮
	西周	以潴蓄水	
	春秋	期思雩娄灌区	
	战国	漳水十二渠、都江堰	
	秦汉	郑国渠、坎儿井、白渠、江南鉴湖	
	三国两晋南北朝	塘堰灌溉、引黄灌溉	
	隋唐	十二道区灌溉	
	两宋辽金	长渠木渠、放淤灌溉	
	元	贾鲁治河、引泾灌溉	
	明	太湖水利、浙闽水利、修筑堤塘	
	清	引黄灌溉、圩垸灌溉、八堡圳水利	
	民国	灌溉工程	

续表

工程内容	实施时代	工程形式	预防灾害
仓储备荒	西周	委积	水灾、旱灾、地震、雪灾、虫害
	秦汉	常平仓	
	隋唐	正仓、转运仓、太仓、军仓、义仓	
	两宋辽金	义仓、社仓、惠民仓、广惠仓、平籴仓	
	明	常平仓、军储仓、预备仓、社仓	
屯田养民	三国两晋南北朝	民屯、军屯	水灾、旱灾
	两宋辽金	圩田、湖田	
	明	民屯、军屯、商屯	
	清	民屯、军屯	
开凿运河	春秋战国	邗沟、菏水、鸿沟、济淄运河	运输救灾物资
	秦汉	关中漕渠、洛阳漕渠、江南水道	
	三国两晋南北朝	运渠、运道	
	隋唐	京杭大运河	
	两宋辽金	汴京运河、淮扬运河	
	元	胶莱运河、京杭大运河	
	明	整治大运河	
堤防修筑	西周	陂塘	水灾、风暴潮
	春秋战国	黄河堤防	
	明	海塘海堤	
防虫治害	西周	治蝗除虫	虫害、旱灾、疫病
	秦汉	捕蝗灭蝗	
	隋唐	捕蝗给粟	
	两宋辽金	厚给捕蝗	
	明清	捕蝗八所、捕蝗十宜	

注：工程形式主要是指基础设施工程，实施时代主要指工程实施典型时期。

资料来源：孟昭华编著《中国灾荒史记》，中国社会出版社，1999。

表 2-3　新中国成立以来的灾害治理工程

工程内容	工程形式	预防灾害
水利工程	长江流域防洪灌溉发电航运工程	水灾、旱灾
	黄河流域防洪灌溉发电工程	
	淮河流域防洪排涝疏浚工程	
	海河流域防洪排涝疏浚工程	
	黑龙江流域防洪灌溉工程	
	南水北调工程	
植树造林	平原农田防护林	水土流失、生态失衡
	沿海农田防护林	
	"三北"防护林	
	农田林网工程	
	"四旁"植树工程	
	农林间作工程	
	成片造林工程	
水土保持	黄土高原水土流失综合治理	水土流失、生态失衡
	华北平原水土流失治理	
	小流域综合治理	
	荒漠化防治	
	石漠化防治	
地震监测	地震观测台网工程	地震
	地震预报系统	
	抗震建筑工程	
	地震小区划	
	地震烈度区划工程	
泥石流防治	乔灌草植被生物保持	滑坡、塌方、泥石流
	改土护坡工程	
	地表地下排水系统	
	抗滑支挡平衡工程	
	边坡防护工程	

工程内容	工程形式	预防灾害
生态保护	自然保护区建设	生态失衡
	退耕还林工程	
	退牧还草工程	
	生物多样性保护	
	天然林保护工程	
	沙尘暴防治	
	湿地保护工程	
	生态补偿工程	
森林病虫防治	森林植物检疫检验	虫害
	抗病虫苗木选育营造工程	
	生物与化学防治	

注：工程形式主要是指基础设施工程。

资料来源：孟昭华编著《中国灾荒史记》，中国社会出版社，1999。

具体来看，历代以来中央政府与地方政府大体采取的是以"灾事"或"灾情"为中心的灾害应对组织形式，并主要通过"自上而下"与"自下而上"相结合、"条块管理"与"属地管理"相结合的职能流程来治理或解决灾害。尧帝征询四岳意见任用鲧治水以来，政府灾害应对组织化职能化不断完善，并在减轻灾害影响方面发挥领头羊作用。

在此，本研究运用"四分格图法"，即根据"中央与地方"＋"机构与流程"的二维路径及"关键事件与节点事件"的叙事描述形式，对先秦、秦汉、隋唐五代、宋代、元代、明代、清代等历史时期的救灾机构及救灾流程进行了梳理总结，借此反映灾害应对管理体系（见图2-1～图2-7)[①]。每图均由四个象限或部分构成：第Ⅰ格（右上）反映的是中央政

———————

① 本书采用的"四分格图法"指将"中央与地方"及"机构与流程"分别为纵坐标和横坐标进行十字形交叉，并按照时间序列将关键事件与节点事件等内容进行组合排列形成四分格或四象限示意图。其坐标内容、关键事件、节点事件的资料来源于袁祖亮主编《中国灾害通史》，郑州大学出版社，2009。

府救灾流程与节点事件，第Ⅱ格（左上）反映的是中央政府救灾机构与关键事件，第Ⅲ格（右下）反映的是地方政府救灾流程及节点事件，第Ⅳ格（左下）反映的是地方政府救灾机构与关键事件，图中的圆点表示关键事件或节点事件发生发展的历史时期，由此形成了不同类型的灾害应对或救灾组织模式。

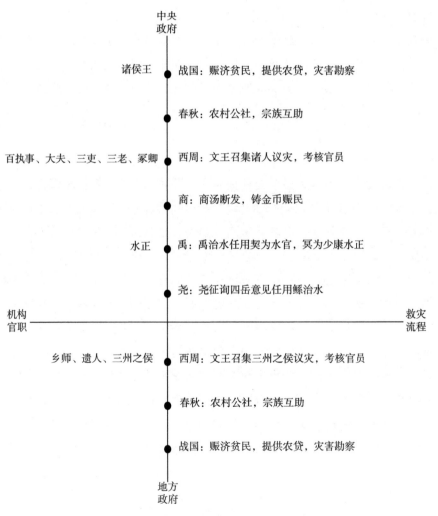

图 2－1　先秦时期救灾机构与救灾流程

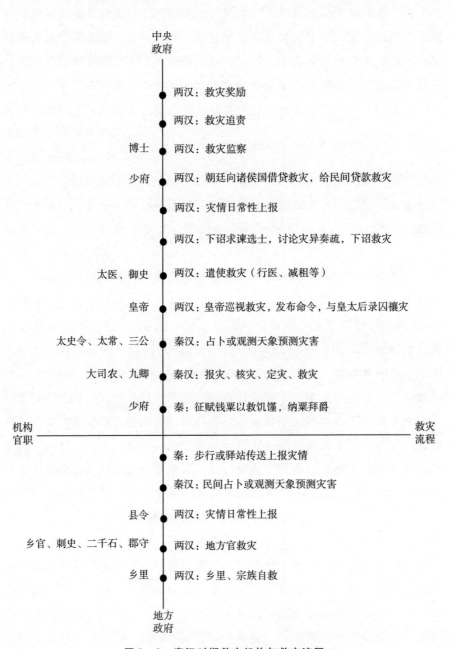

图2-2 秦汉时期救灾机构与救灾流程

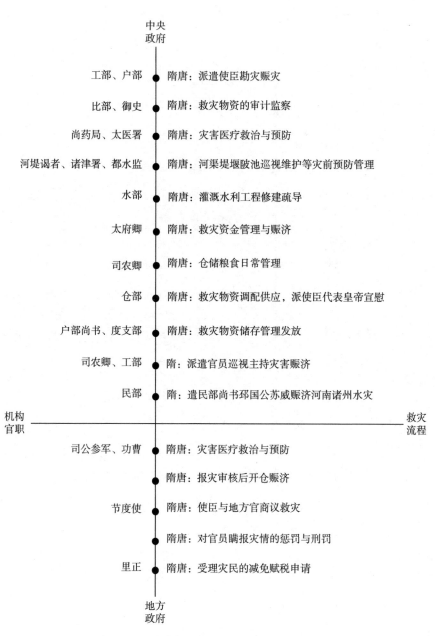

图 2-3　隋唐五代时期救灾机构与救灾流程

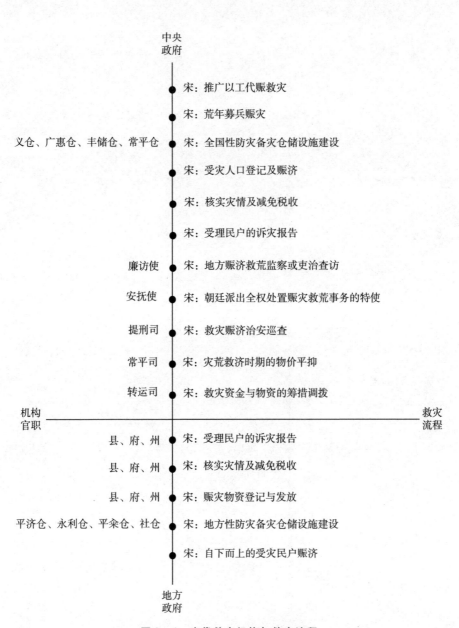

图 2 - 4　宋代救灾机构与救灾流程

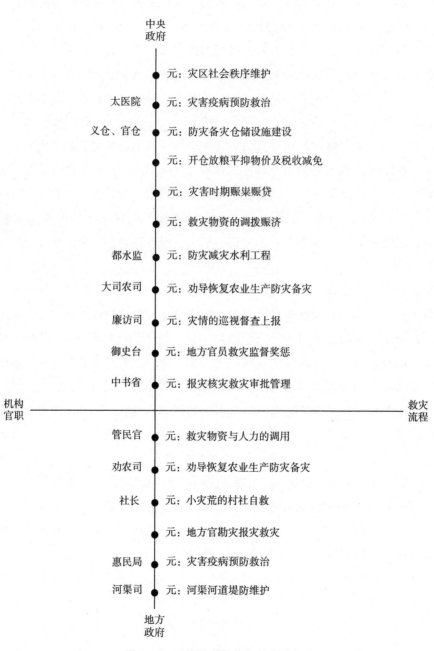

中央
政府

元：灾区社会秩序维护

太医院　元：灾害疫病预防救治

义仓、官仓　元：防灾备灾仓储设施建设

元：开仓放粮平抑物价及税收减免

元：灾害时期赈粜赈贷

元：救灾物资的调拨赈济

都水监　元：防灾减灾水利工程

大司农司　元：劝导恢复农业生产防灾备灾

廉访司　元：灾情的巡视督查上报

御史台　元：地方官员救灾监督奖惩

中书省　元：报灾核灾救灾审批管理

机构　　　　　　　　　　　　　　　　　　　救灾
官职　　　　　　　　　　　　　　　　　　　流程

管民官　元：救灾物资与人力的调用

劝农司　元：劝导恢复农业生产防灾备灾

社长　元：小灾荒的村社自救

元：地方官勘灾报灾救灾

惠民局　元：灾害疫病预防救治

河渠司　元：河渠河道堤防维护

地方
政府

图 2 - 5　元代救灾机构与救灾流程

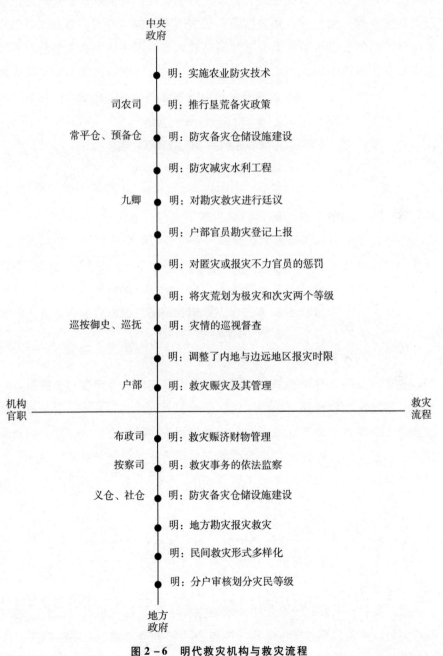

图 2-6 明代救灾机构与救灾流程

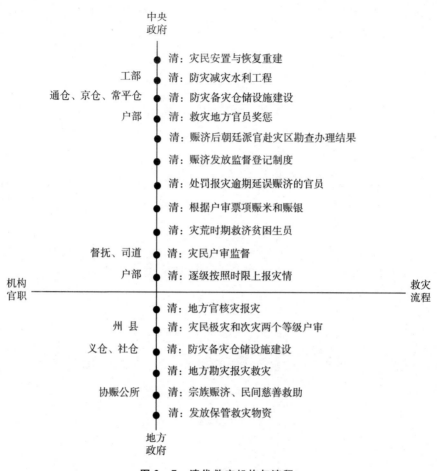

图2-7 清代救灾机构与流程

第一类：整合模式。是指中央政府和地方政府都重视灾害的组织机构及救灾流程的建设与制定，二者有相对明确的职能指向及履职规范，中央与地方的救灾信息沟通相对及时高效，具有相对成熟的报灾勘灾、官员考核、监督监察、问责奖惩等体制机制，能够有效减轻或消除灾害对经济社会的影响，或有比较系统的灾后恢复重建机制，以使其执政保持长期稳定发展态势的科层形式。

第二类：嵌入模式。是指中央政府主要承担了救灾职责与任务，通过勘察灾情、征赋钱粟、赈济灾民等措施缓解或消弭灾情，并且重视灾后的恢复重建与适应机制，地方政府主要是参与配合救灾，地方救灾需要中央政府的援助支持或协助救灾的科层形式。

第三类：指导模式。是指中央政府和地方政府缺乏专门的救灾机构或救灾履职因人而异，主要采用赈济蠲免、派遣使臣协助指导等临时性救灾措施。

新中国成立以来，灾害应对组织结构及其职能建置不断优化完善，相继建立起由灾害管理职能部门、辅助救灾部门、救灾决策指挥机构及临时性协调机构构成的灾害管理体制，以及以"一案三制"（即应急预案、应急体制、应急机制和应急法制）为基础，政府、军队、企事业单位及社会组织等共同参与的应急管理体系。这两大体系共同构成了国家或政府"平时"与"战时"相结合、"常态"与"非常态"相结合、"分类"与"分级"相结合的灾害管理指挥组织功能。

其中，灾害管理体制主要承担防灾减灾救灾常态管理或部门管理责任，根据灾害一般分类形式，大体实行的是单一灾种与综合灾种相结合的管理方式，即政府部门将其职能属性与不同灾种相结合实行分类管理，或通过常设的及临时的决策指挥机构对多灾种实行部门牵头与辅助协调综合管理，采用包括监测、预警、报灾、救援、恢复等环节，地方负责、部门指导、层级指挥、参与协调的"分类指挥动员"组织机制开展防灾减灾救灾工作[1]。其特点主要体现为层级性、单一性、常设性等。即政府通过组织及专业化分工指挥，保证了常态管理的持续发展及制度更新，一定程度上也为灾害应急管理提供了经验基础，但也存在着指挥管理流程过长、部门协调困难等不足。

同时，应急管理体系主要承担灾害及其他突发事件应急管理或协调管理责任，它根据灾害危害或紧急程度的分级形式，大体实行以事件为导向与以流程为导向相结合的管理方式，即政府组建组织指挥机构，职能部门及军队共同分工参与应急管理，或中央政府统一部署领导，地方政府属地负责综合管理，采用包括监测、分级、响应、处置、恢复等环节[2]，分级负责、牵头指挥、部门联动、军地合作的"分级指挥动员"组织机制开展灾害应急管理工作。其特点主要体现为扁平化、综合性、临时性等。即政府通过分级

---

① 吕景胜主编《灾害管理》，地震出版社，1992。
② 《国家自然灾害救助应急预案》，中国政府网，http://www.gov.cn/zhengce/content/2016-03/24/content_5057163.htm，最后访问日期：2016 年 3 月 24 日。

组织指挥及专业化响应体系，实现了应急管理流程上的优化简化。

（4）灾害救助：制度响应

灾害救助制度凝聚了人类最朴素情感，包括社会采取的应对及补救政策。其根本就是动员全社会力量对灾民的生产生活、疾病医疗、临时安置、心理恢复等进行的物质上或精神上的补偿救助，以减轻灾时经济社会影响。灾害救助制度反映和检验的是人类适应灾害的缓冲机制。

"原始型"灾害救助制度是建立在天命禳弭论与阴阳失调论等基础上的巫术救灾制度，它是在科技文化不发达及人对自然敬畏心理支配下的被动的一种救灾方法[①]。其将灾害饥荒看成自然界最高主宰"天帝"对人类的惩罚，以占卜、祭祀等敬天形式为救灾第一反应。

"临灾型"灾害救助制度是建立在敬天尚德保民等基础上的应灾救灾制度，它是灾后服务于社会的紧急救灾方法。其主要通过赈济法、调粟法、养恤法、安辑法、除害法、蠲缓法、放贷法、节约法等临灾治标及补救措施[②]，成为反复实践完善或最持久最成熟的救灾制度。以这种救助制度建立起来的灾政管理制度产生了深远影响。

"预防型"灾害救助制度是注重灾前预防及积极救灾的兴农立本的救灾制度。其主要通过兴修水利、林垦保土、仓储积蓄、以农为本及注重农业生产等防范治本措施，发展农业生产，加强粮食储备。这种救助制度与临灾紧急补救措施相结合共同构成了农业社会标本兼治的救灾体系。

"综合型"灾害救助制度是注重灾前预防、灾时救援、灾后恢复等的全过程化的综合救灾制度。其主要是通过党和政府的坚强领导、举国防灾抗灾体制机制法制的制度保障、军队及专业化救灾队伍保障、社会志愿或慈善参与，以及加强社会保障体系建设等系统措施来救灾。它是最具有先进性和生命力的救灾制度，是吸收借鉴了人类优秀成果并与具体国情相结

---

① 范宝俊主编《灾害管理文库》（第七卷），当代中国出版社，1999。

② 赈济法就是指灾后以粮食钱物等方式救灾的措施。调粟法是指根据受灾情况在地区间调运粮食、向存粮区移民、调整粮食价格等的救灾措施。养恤法是指对灾民进行供养、临时收容养护的救灾措施。安辑法是指为防止灾民外流所实施的救灾措施。除害法是指灭蝗及防止发生疫情疫病的救灾措施。蠲缓法是指灾后减免赋役、停征地租、宽量刑罚的补救措施。放贷法是指为灾民恢复农业生产提供贷款资助的救灾措施。节约法是指勤俭节约以度灾荒的措施。参见范宝俊主编《灾害管理文库》（第七卷），当代中国出版社，1999。

合的符合现代社会特点的救灾制度。

（5）灾害界定：综合解释

学术界对于"灾害"的概念界定仍是见仁见智，没有定论。目前研究从不同学科领域及研究视角探讨了其含义，主要形成了"危害论"、"作用论"、"失调论"、"脆弱论"及"事件论"等观点，由此发展出了广义上的灾害学科及研究体系，丰富提升了灾害理论研究及管理能力。

其中，"危害论"认为灾害就是自然变异对经济社会发展产生的危害[1]，或指自然破坏力与人为因素造成破坏活动的现象[2]，有学者根据灾情承灾能力不同所表现出的灾度概念进行了破坏力分级[3]，有学者认为灾害的本质就是对生命财产及生活生态环境的破坏性，离开人类受灾体就不存在灾害概念等，诸如此类，不一而足。长期以来，危害论的这一界定成为学术界的主流并对灾害相关研究乃至政治经济社会政策都产生了深远影响，或者说这是从"自然施灾体"与"人类受灾体"消极结果做出的解释。

"作用论"认为灾害就是孕灾环境、致灾因子、承灾体及灾情等自然系统与社会系统相互作用的结果[4]，或指灾害是地球物理系统（自然）、人类系统（社会）与结构系统（设施）相互作用的结果[5]，只有致灾因子在动力机制作用下对经济社会造成危害的才称为灾害[6]。同时，灾害作为自然与社会互动的产物，也影响地区贫困与可持续发展[7]，有学者据此提出了致灾因子在时空维度上的分布及演变作用于经济社会方面的"灾害链"[8]、

---

[1] 陈颙：《灾害研究》，《灾害学》1987年第4期。

[2] 申曙光：《灾害学》，中国农业出版社，1994。

[3] 马宗晋主编《自然灾害与减灾600问》，地震出版社，1990。

[4] 史培军：《灾害研究的理论与实践》，《南京大学学报》1991年第11期。

[5] Dennis Milet, *Disasters by Design：A Reassessment of Natural Hazards in the United States* (Washington D. C.：Joseph Henry Press, 1999).

[6] 史培军：《三论灾害研究的理论与实践》，《自然灾害学报》2002年第3期。

[7] Robert Kates, "Sustainability Science", *Science*, No. 292 (2001)：641 – 642.

[8] 马宗晋院士及有关学者针对中国自然灾害率先提出了"台风灾害链""寒潮灾害链""暴雨灾害链""干旱灾害链""地震灾害链"的内容，史培军等学者在此基础上提出了"台风－暴雨灾害链""寒潮灾害链""干旱灾害链""地震灾害链"的传递规律或动力流动关系图。参见马宗晋主编《中国重大自然灾害及减灾对策（总论）》，科学出版社，1994，第46~48页；史培军《三论灾害研究的理论与实践》，《自然灾害学报》2002年第3期。

"灾害群"及"灾害区划"①等衍生概念，这些概念范式及其理论阐述主要以地理学科中研究灾害问题的学派为代表，其对灾害及相关概念的界定是把"自然""环境""社会""发展"等要素综合为一体的宏观性解释。

"失调论"认为灾害就是人与社会关系失调引起的人对自然条件控制的失败所导致的物质生活损失或破坏②，更深入的研究认为自然条件或地理环境只是灾害的外因，灾害既是一种自然现象，也是一种社会现象③，并将"灾害"与"灾难""天灾"等概念紧密联系在一起，这一观点主要是从历史学、政治学的逻辑线索对灾害概念进行反思性解释。

"脆弱论"认为灾害就是自然原因导致社会结构或社会系统受到危害的不良表现，灾害不仅是引致脆弱性的条件，也对社会系统造成冲击④，灾害促使脆弱的社会生态或人为风险进一步加剧，造成社会秩序失衡⑤，或指某一地区或社会群体物理、经济或社会方面潜在风险的暴露与冲击程度⑥，其主要探讨的是哪些社会条件或社会群体更容易受灾，以及家庭、社区等对灾害的适应能力⑦，这一观点从"工程技术"与"社会结构"软硬性防范机制方面对灾害概念进行了靶向性解释⑧。

---

① 张兰生等根据有关数据库及其指标体系，把全国划分为 6 个灾害带 26 个灾害区 93 个灾害小区。详细内容可参见张兰生等《中国自然灾害区划》，《北京师范大学学报》（自然科学版）1995 年第 3 期。

② 邓云特：《中国救荒史》，商务印书馆，1937。

③ 李文海、周源：《灾荒与饥馑：1840—1919》，高等教育出版社，1991。

④ Ronald Perry, Henry Quarantelli, *What is a Disaster? New Answers to Old Questions* (Xlibris, 2005).

⑤ Henry Quarantelli, *What is a Disaster? Perspectives on the Question* (London: Routledge, 1998).

⑥ Mary Anderson, *Disaster Vulnerability and Sustainable Development: A General Framework for Assessing Vulnerability*, http://repositorio.gestiondelriesgo.gov.co/bitstream/20.500.11762/19045/1/2295.pdf.

⑦ 2009 年，联合国国际减灾战略（UNISDR）将灾害定义为一个社区或社会的功能被严重打乱，涉及广泛的人员、物资、经济或环境的损失和影响，且超出受到影响的社区或社会动用自身资源去应对的能力。进一步将灾害解释为致灾因子、易损性及防灾减灾能力缺乏导致生命财产、经济社会发展及生态环境遭受危害等的综合状态。参见 https://www.preventionweb.net/publications/view/7817，最后访问日期：2018 年 7 月 21 日。

⑧ 波林等学者认为，灾害具有分布不平等和不均衡及善于眷顾弱势群体并进一步加剧两极分化的特点，所谓的灾害或社会脆弱性更多发生于贫困者、老年人、幼童、有色人种等弱势边缘群体。参见 Bob Bolin, *Race, Class, Ethnicity, and Disaster Vulnerability* (NY: Springer, 2007).

上述研究分别从社会学、历史学、地理学、经济学等多个学科领域对灾害概念进行了界定，具有重要学术价值及借鉴意义。尽管如此，由于灾害现象的复杂性和特殊性，对灾害概念的认识仍然是个不断充实发展的过程。从公共管理学视角看，所谓灾害就是由自然力对生命财产及经济社会等造成影响的事件，需由国家、政府及社会通过组织、制度、工程等方面的防范应对举措，减轻消弭灾害影响，以保障国家重大战略目标实现及经济社会稳定发展。这一观点从防灾减灾救灾公共服务方面对灾害概念进行了应用性解释。其基本内容及主要观点如下。

从辩证关系看，灾害既是一种不良现象，也是一种可反思现象。灾害给生命财产及经济社会造成了危害。同时，灾害的到来一定程度上也是对灾害管理能力的一次检验反映，不断地学习适应成为提升灾害管理能力的重要途径，从这个意义上说，灾害也是促使人类社会形成健康机体的免疫剂。

从因果关系看，灾害既是一种事件结果，也有一个发生发展过程。灾害就是量变积累到一定程度引起的质变。灾害常被感知为突发事件，即瞬间造成严重后果。同时，这些潜在或常被忽视的风险因子通过自然作用被放大，形成了灾害，它是二者相互作用相互影响的结果。

因此，灾害建立在灾害感知基础上，可通过人类能动治理机制予以防范应对。灾害是自然现象与社会现象的统一体。灾害管理是基本公共服务职能，也是需要社会广泛参与的合作职能，它既是事件管理，也是过程管理，并已成为实现国家战略目标的前提和保障。

2. 风险社会与灾害

（1）风险社会及其公共空间

20世纪80年代以来，以乌尔里希·贝克、安东尼·吉登斯、斯科特·拉什为代表的社会学家提出了风险社会理论，并将灾害或灾难看成一种屡见不鲜的现象，从而给经济社会发展带来了前所未有的挑战。

一是灾害形式的新旧交织性。在风险社会中，传统上的或来自自然的灾害与人为灾害共同作用于和影响着人类社会，或者说农业社会由自然主导的灾害逐步转向了工业社会由人为主导的灾害，由此人们面临着双重的、叠加的灾害风险。这是因为：一方面，人们对灾害及其影响的风险感知增强了，随着灾害破坏作用在未来的延续而产生了"风险倍数效应"①，即它不但意味着对生命财产的危害，也指涉发展福祉等的机会损失，它不但意味着对个人或局部的危害，也指涉利益相关者或其他人的预期可能性，还指涉超越时空的风险传递性；另一方面，诱发或制造灾害的风险参量增多了，过去那种相对稳定的由自然控制的致灾因子逐步被不确定的由技术控制的致灾因子所取代，前者主要表现为一种或几种灾害受时空等因素影响相对有规律地发生，后者则表现为非传统或不明的灾害受技术等因素影响随机发生。

二是灾害影响的脱域跨界性。在风险社会中，灾害范围或影响不再局限于特定的地域及社会关系的场域中，也不再是简单的地理分布或是受时空支配，而是通过特定的灾害事件将"在场"与"缺场"联系在一起，或将灾害事件所涉及社会关系与地方性场景联系在一起。这是因为灾害波及对象的时空延伸程度增大了②，灾害波及范围的嵌入程度增大了③，灾害影响由重点对经济社会领域的影响逐步转向了对多个领域的影响。

三是灾害保障的福利贬值性。风险社会中的灾害及其风险打破了工业社会的社会福利屏障，甚至因灾带来了其他问题。这是因为：一方面，从"摇篮"到"坟墓"的社会福利制度广泛嵌入诸多方面；另一方面，全球气候变化使得防灾减灾的财政支出扩大，西方政府不得不通过削减福利支出保持基本运转，从而使福利国家面临挑战。

---

① 乌尔里希·贝克认为，风险不会在已经发生的影响和破坏上耗尽自身，它还表现出了一种未来的内容，即风险与预期有关，与虽然还没有发生但存在威胁的破坏作用有关，在这个意义上风险在今天就已经是真实的。参见〔德〕乌尔里希·贝克《风险社会》，何博闻译，译林出版社，2003。

② 安东尼·吉登斯对"时空延伸"概念的解释是：在前现代社会，空间和地点总是一致的，因为对大多数人来说，在大多数情况下，社会生活的空间维度都是受"在场"支配的，即受地域性活动支配的。现代性的降临，通过"缺场"的各种其他要素的孕育，日益把空间从地点分离了出来，从位置上看，远离了任何给定的面对面的互动情势。场所完全被远离它们的社会影响所穿透并据其建构而成。建构场所的不单是在场发生的东西，场所的"可见形式"掩藏着那些远距离的关系，而正是这些关系决定着场所的性质。参见〔英〕安东尼·吉登斯《现代性的后果》，田禾译，译林出版社，2000。

③ 乌尔里希·贝克、哈贝马斯认为，不仅限于经济方式的全球化过程将使我们逐渐接受另一种观点，使我们日益清晰地看到社会舞台的局限性、风险的共同性和集体命运的相关性。参见〔德〕乌·贝克、哈贝马斯《全球化与政治》，王学东等译，中央编译出版社，2000。

（2）风险社会及其秩序

贝克、吉登斯等风险社会理论的创建者从全球化、工业化等方面对风险社会进行了研究。

一是灾害及其风险分配的平等秩序。风险社会中的灾害及其风险是随机的或平等的，它打破了传统社会按照财富逻辑进行的垂直式或风险在下层社会及边缘群体聚集的风险秩序，取而代之以被现代化风险逻辑支配的面向所有人的风险秩序①。这是因为：一方面，灾害征候的延展性或系统性使其广泛嵌入经济社会若干方面，一场灾害小到对人们的衣食住行等造成影响，大到对社会发展造成危害，以财富手段免除风险的做法变得不可能了；另一方面，高度发展的工业化使得技术进步在解决问题的同时也在制造着风险。

二是灾害及其风险政策的不确定秩序。风险社会中的灾害及其风险是流动的或不可转嫁的，它打破了传统社会按照权力逻辑进行的等级式或以阶级阶层为属性的风险秩序，取而代之以全球化及科技与知识依赖逻辑支配的风险秩序②。在此情景下，风险社会的文明决策可导致全球性后果③。这是因为：一方面，随着灾害环境与条件的复杂多变，那些"可接受的风险阈值"往往存在着很大的假象或不确定性，灾害管理涉及跨学科、跨部门和跨行业的综合知识，是建立在事实判断与价值判断内在统一基础上的科学认识活动，任何脱离于此的决策活动都可能面临着无法预知的结果；另一方面，随着灾害影响与危害越来越广泛深刻，原来通过隔离风险或转

① 乌尔里希·贝克认为，风险就是文明所强加的。在阶级和阶层地位上，存在决定意识，但在风险地位上，意识决定存在。参见〔德〕乌尔里希·贝克《风险社会》，何博闻译，译林出版社，2003。

② 斯科特·拉什认为，传统社会形态所体现的是一种安全文化。而在未来的风险文化时代，由于科学技术的飞速发展和技术资本主义各种门类的防范和化解风险的专业系统程序日益复杂化，各个领域都存在危及全人类生存的混乱无序的不确定性，都存在危及全人类生存的巨大风险。人类为了防范和化解风险而忙于改进和更新各种专业系统程序，忙于解决各种问题。可是旧的问题解决了，新的问题又出现了，各种问题花样翻新、层出不穷。参见〔英〕斯科特·拉什《风险社会与风险文化》，王武龙编译，《马克思主义与现实》2002年第4期。

③ 参见〔德〕乌尔里希·贝克《"9·11"事件后的全球风险社会》，王武龙编译，《马克思主义与现实》2004年第2期。

移风险甚至企图从中得益的做法迟早会受到"风险回飞棒效应"的影响，也就是说，灾害管理的根本就是人与自然和谐相处及不断适应灾害的过程，只有多个层面的制度或文化建设才能保障治理秩序持续稳定，才能减轻或消弭灾害对经济社会的影响。

三是灾害及其风险责任的共担秩序。风险社会中的灾害及其风险是响应的或建构的，它打破了传统社会将灾害责任普遍归于公共领域或采用一种绝对单一化评价机制的做法，取而代之以将灾害风险由公共领域、私人领域及个人等多主体分担共治的评价机制，通过预防风险及共担风险的响应机制保障灾害管理秩序的稳定性。这是因为：一方面，灾害的紧急突发性或破坏性导致政府很难以一己之力承担全方位应急管理事务，并在信息、时间或资源等约束条件下面临着巨大工作压力及组织形象风险①，有的甚至还造成长期依赖政府的"等靠要"思想，由政府、社会及个人等分工负责应急响应能在很大程度上提升应急救援效率；另一方面，灾害管理必须是建立在信任与支持基础上的制度及决策活动的总和，它表述的不仅是对组织系统和专家系统的信赖，也指对他人的爱之包容与诚实守信②，信任机制同时意味着不同治理主体积极主动地履行消除与化解风险的伦理责任，保障灾害管理各项制度措施的落实及有序运转。

四是灾害及其风险观念的反思秩序。风险社会中的灾害及其风险是可治理的或变革的，它打破了传统社会由自然主导的被动应对灾害的思维意识，取而代之以人本主义的灾害观念或主动治理灾害的理论认识。这是因为，随着科技发展及人类行为对自然生态领域的不断侵扰，人类开发利用或干预自然的能力超越以往任何一个时代，人类唯有转变发展方式才能实现长远发展，这也是增强风险意识的反思活动。

---

① 乌尔里希·贝克认为，风险自然产生责任问题，人们处理风险时总是想方设法回避责任问题，其最引人注意的方面之一就是所谓的"有组织地不负责任"。参见〔德〕乌尔里希·贝克、约翰内斯·威尔姆斯《自由与资本主义——与著名社会学家乌尔里希·贝克对话》，路国林译，浙江人民出版社，2001。

② 安东尼·吉登斯对信任的定义及其包含的十个要素进行了深入论述，相继对信任条件、信任原则、信任情景、信任环境、信任对立面等内容进行阐述。参见〔英〕安东尼·吉登斯《现代性的后果》，田禾译，译林出版社，2000。

尽管风险社会理论是建立在西方中心主义话语体系上的[1]，但它对增强人们的生态观念及保持对科学及其使用领域与范围的警惕意识具有重要意义，并可为增强人们的风险意识、正确处理人与自然关系及保护生态环境提供借鉴。

3. 地震灾害与管理

（1）地震灾害及其影响

中国传统文化将灾害或地震与发展紧密联系在一起。根据《淮南子》《竹书纪年》《史记》《战国策》等史籍资料，最早的地震灾害距今有四五千年历史了[2]，以"黄帝一百年地震"、"帝发七年泰山地震"、"帝癸十五年伊洛地震"、"帝癸三十年瞿山地震"及"帝辛四十三年春崤山地震"等为典型地震事件[3]，通过文献资料分析认为，黄帝时代诸族主要活动在潍河断层带与燕山地震带[4]，夏桀时期各部族主要活动在汾渭断堑等地震带[5]。同时，古代对地震还缺乏科学认识，常把地震与帝王驾崩及时局变化进行感性联系，伯阳父曾认为："昔伊洛竭而夏亡，河竭而商亡。……国必依山川，山崩川竭，亡国之征也。"[6]尽管关于上述地震事件的记载较为有限，但也足见其对经济社会的严重冲击与危害。

西周至清代，史料记载的各类灾害共5134次，其中地震灾害692次。其中，元代、明代、清代的灾害频率分别达到了0.31年/次、0.27年/次、0.26年/次。魏晋、南北朝、唐代、宋代的灾害频率分别达到了0.66年/次、0.54年/次、0.59年/次、0.56年/次。秦汉、魏晋、明代、清代的地

---

① 1996年2月，在卡迪夫大学召开的一次研讨会上，英国社会学家希拉里·罗斯（Hilary Rose）认为风险社会与德国人优越的生活状态紧密相连，也只有德国人才能孕育出这一概念。参见薛晓源、周战超《全球化与风险社会》，社会科学文献出版社，2005。

② 邓云特在《中国救荒史》中认为上述这些地震灾害仍属于无实物印证的传说。参见邓云特《中国救荒史》，商务印书馆，1937。

③ "黄帝"为五帝之首，"帝发"为夏代第十六世帝王，"帝癸"为夏代第十七世帝王，"帝辛"为商代第三十世帝王，文中所涉及的地震发生时间为公元前26世纪初、公元前17世纪左右、公元前11世纪左右，有关史籍对地震的伤亡损失及其他方面没有更多详细记载。参见沈约注《竹书纪年》，商务印书馆，1937。

④ 参见邓云特《中国救荒史》，商务印书馆，1937。

⑤ 参见邓云特《中国救荒史》，商务印书馆，1937。

⑥ 司马迁：《史记》，中华书局，1982。

震占灾害总数比重较大。魏晋、元代、明代、清代的地震频率达到了 3.77 年/次、2.91 年/次、1.67 年/次、1.75 年/次，明显比其他朝代频繁（见表 2 – 4）。

根据中国地震信息网统计①，中国历代发生 5.0 级及以上地震 2151 次②，发生 7.0 ~ 7.9 级地震 105 次，发生 8.0 ~ 8.9 级地震 16 次③。在时间维度上，此三类地震的发生频率分别达到了 1.5 年/次、31.0 年/次、203.3 年/次④。在数量维度上，民国、清代、明代为历代地震灾害最多的三个时期⑤。在频率维度上，民国、清代的地震频率较快，亦即每年发生一次重大地震，每十年近乎发生一次特大地震⑥。

表 2 – 4　西周至清代的灾害情况统计

朝代	灾害数（次）	灾害频率（年/次）	地震数（次）	地震频率（年/次）	地震比重（%）	时间跨度（年）
西周	89	9.74	9	96.33	10.11	867
秦汉	375	1.17	68	6.47	18.13	440
魏晋	304	0.66	53	3.77	17.43	200
南北朝	315	0.54	40	4.23	12.70	169
隋代	22	1.32	3	9.67	13.64	29
唐代	493	0.59	52	5.56	10.55	289
宋代	874	0.56	77	6.32	8.81	487
元代	530	0.31	56	2.91	10.57	163
明代	1011	0.27	165	1.67	16.32	276
清代	1121	0.26	169	1.75	15.07	296

资料来源：邓云特：《中国救荒史》，商务印书馆，1937。

① 指中国地震信息网对历代地震的统计数据，其详细汇总了中国历代地震信息。
② 此处是指西周至民国期间的地震数据（此处统计数据也包括 4.75 级地震）。
③ 本书对西周至民国期间发生的 7.0 ~ 7.9 级、8.0 ~ 8.9 级地震的相关信息进行了整理统计。
④ 本书对西周至民国的统计时间为 3253 年，以此计算了历代每发生 1 次 5.0 级及以上地震、7.0 ~ 7.9 级地震、8.0 ~ 8.9 级地震的时间周期分别为 1.5 年、31.0 年、203.3 年。
⑤ 根据中国地震信息网的数据，本书整理计算出明代、清代、民国发生 5.0 级及以上地震次数分别为 363 次、526 次、1122 次，为历代最多的三个时期。
⑥ 此处数据与清代和民国期间的地震信息记录得多少相关。地震信息记录得越多，单位时间显示的地震周期就越短，频率就越快。

（2）工程抗震

地震灾害以其对房屋等地面建筑或基础设施的震裂破坏备受社会关注，由此与其他灾害治理工程同步实施的抗震工程就成为防震减灾事务的根本基础。中国建筑史上由榫卯、斗拱及墙柱等有机组合而成的梁柱式建筑结构在防震减灾工程史上发挥了重要作用。这种发源于史前时代并在汉代、唐代、宋代等时期得到发展的木构架建筑最基础最重要构建之斗拱托架，由飞椽、檐桁、撩檐枋、罗汉枋、柱头枋、井口枋、齐心斗、令拱、耍头、交互斗、慢拱、瓜子拱、泥道拱、骑栿拱、昂（昂嘴）、华头子、华拱、栌斗、遮椽板、檐栿、阑额、柱（柱头）、柱础（盆唇、覆盆、础）等部件架构组合而成，形成了具有一定的抗震缓冲扭力、适应多向震动柔力、震时延时倾角倒塌及木质软性材料的轻危性等特点，具备了特殊的防震减震功效①，从而减轻了地震灾害的危害②。

为此，宋代和清代相继出版了《营造法式》《工程做法则例》等有关防震抗震的建筑工程标准。其中，《营造法式》主要对房屋建筑的选址筑基、石料造作、大木作铺作、小木作制作、雕旋锯竹工序、砖瓦泥彩画作等的制度流程及工料标准进行了介绍说明，其"壕寨制度"与"大木做制度"中关于房基的取正、定平、立基、筑基和城墙修筑，以及房屋的柱、梁、枋、额、斗拱、栿、椽等制作标准复杂细腻，显示了中国式建筑重视基础工程与注重结构力学的架构理念。《工程做法则例》主要对殿堂、城楼、住宅、仓库、亭苑、庙宇、桥梁、陵墓、石塔、牌坊等二十七种建筑的平面、斗拱、石作、瓦作、色彩等筑造规则进行了介绍说明，其"斗拱多式做法"与"瓦作多式做法"中关于房屋构架、形状、尺寸等的制作标准在实际中既具可操作性又兼有推广价值，显示了中国式建筑注重支柱－梁枋－斗拱的结构性支撑而不借力于高墙厚壁的独特承重理念。

---

① 梁思成：《图像中国建筑史》，中国建筑工业出版社，1991。
② 梁思成等认为，"斗拱"是中国系建筑所特有的形制，是较大建筑物的柱子与屋顶之间的过渡部分，其功用在于承受上部支出的屋檐，将其重量直接集中到柱子上，或间接地先纳至额枋上再转到柱子上。凡是重要或带有纪念性的建筑物，大多带有斗拱。参见梁思成《清式营造则例》，中国建筑工业出版社，1981。

由此，中国式梁柱结构建筑及其独特的抗震理念广泛适用于官用、民用及其他各类建筑物当中，很多建筑历经千年风雨得以完整保存且成为世界珍贵文化遗产，并为研究建筑工程抗震提供了借鉴。

新中国成立初期的建筑抗震设计参考苏联经验并于 1959 年和 1964 年编制《地震区建筑抗震设计规范（草案）》以指导建筑工程抗震设计[①]。20 世纪 70 年代，国家颁布了《工业与民用建筑抗震设计规范（试行）》（TJ11—74）与《工业与民用建筑抗震设计规范》（TJ11—78）[②]，其适用于震级烈度为 7 ~ 9 度的工业及民用建筑，主要对建筑选址地基、多层砖房与钢筋混凝土框架、木柱承重房屋、灰土墙房屋等的抗震措施进行了规范，从而使我国建筑工程抗震设计步入科学规范轨道，并逐步适应和结合了我国地震特点。改革开放以来，为满足经济社会建设发展需要，国家颁布了《建筑抗震设计规范》（1989 年版、2001 年版、2008 年版、2010 年版）等建筑抗震国家标准[③]，其适用于震级烈度为 6 ~ 9 度的一般建筑，主要对多层房屋、高层钢筋混凝土房屋、工业厂房、土木石房屋、地下建筑等的隔震减震及抗震措施进行了全面严格规定，不断完善了建筑抗震标准及设计规范，建筑工程抗震水平及服务能力得到不断提升。

同时，国家根据不同类型工程防震要求，相继颁布了《公路工程抗震设计规范》、《核电厂抗震设计规范》、《水工建筑物抗震设计规范》、《室外给水排水和燃气热力工程抗震设计规范》、《输油（气）钢制管道抗震设计规范》及《铁路工程抗震设计规范》等特殊建筑工程抗震设计规范，从

---

① 我国于 1959 年和 1964 年编制的《地震区建筑抗震设计规范（草案）》没有正式颁布。

② 1974 年 8 月 3 日，国家基本建设委员会正式颁布我国第一部工程抗震设计规范即《工业与民用建筑抗震设计规范（试行）》（TJ11—74），并于当年 12 月 1 日起正式实施。其内容包括总则、场地和地基、地震荷载和结构抗震强度验算、抗震构造措施等 80 条内容及附录。1978 年 12 月 1 日，国家基本建设委员会在充实修订基础上颁布了《工业与民用建筑抗震设计规范》（TJ11—78），并于 1979 年 8 月 1 日起正式实施。详细内容参见国家基本建设委员会建筑科学研究院主编《工业与民用建筑抗震设计规范（试行）》（TJ11—74），中国建筑工业出版社，1974；国家基本建设委员会建筑科学研究院主编《工业与民用建筑抗震设计规范》（TJ11—78），中国建筑工业出版社，1979。

③ 此处分别是指 1989 年 3 月 28 日颁布的《建筑抗震设计规范》（GBJ11—89）、2001 年 7 月 20 日颁布的《建筑抗震设计规范》（GB50011—2001）、2008 年 7 月 30 日颁布的《建筑抗震设计规范》（GB50011—2008）、2010 年 5 月 31 日颁布的《建筑抗震设计规范》（GB50011—2010）。

而使我国工程抗震设计规范逐步趋于科学系统化，通过工程抗震这一关键路径提升了对地震灾害的适应防范能力。一言以蔽之，在可预见的将来，工程抗震仍然是预防减轻地震灾害的重要内容。

（3）地震灾害风险管理

地震灾害风险管理就是各级政府部门组织实施的对地震活动及其震害特点进行监测预报、应急服务及决策咨询等的专门性管理活动，其主要提供的是震害速报、震情分析与震况研究等服务。《周易》中的文王"震"卦成为关于观察预测地震的最早记载。公元132年，东汉科学家张衡利用物体惯性作用创制了"候风地动仪"并在河南洛阳成功测定了陇西地震[①]，其远早于欧洲人在17~18世纪发明研制的水银验证仪[②]。当然，这一时期地震仪的主要功能是验震，不能把地震的过程完整精确记录下来，还属于地震观测的初期。20世纪以来，随着机械杠杆地震仪、光杠杆地震仪、电流计地震仪、电子地震仪、数字地震仪等的发明研制，地震观测步入全新的发展阶段。

20世纪30年代，国内第一座自行设计管理的地震观测台即"北京鹫峰地震台"建立[③]，相继安装使用了小维歇尔机械式地震仪和伽利津－卫立蒲电磁式地震仪。自主研制了Ⅰ（霓）式地震仪并在重庆北碚地震台使用，还建成了南京北极阁地震台及紫金山地磁台等。抗战期间这些地震监

---

① 公元132年（后汉顺帝阳嘉元年），张衡创制了世界上有史以来第一架地动仪，但其形状和内部构造已经失传。《后汉书》记载："阳嘉元年，复造候风地动仪，以精铜铸成，圆径八尺，合盖隆起，形似酒尊，饰以篆文山龟鸟兽之形。中有都柱，傍行八道，施关发机。外有八龙，首衔铜丸，下有蟾蜍，张口承之。其牙机巧制，皆隐在尊中，覆盖周密无际。如有地动，尊则振龙机发吐丸，而蟾蜍衔之。振声激扬，伺者因此觉知。虽一龙发机，而七首不动，寻其方面，乃知震之所在。验之以事，合契若神。自书典所记，未之有也。"参见范晔《后汉书》，中华书局，1965，第1909页。

② 1703年法国人哈·佛伊雷设计了水银验证仪，通过仪器孔穴中流出的水银来测定地震，经过不断改进，1848年意大利人卡契托利研制了新的水银验证仪，即通过不同方位仪器孔槽中流出的水银多少来测定地震。此后，水银验证仪不断得到改进和发展。参见中国科学院地球物理研究所编著《地震仪器概论》，科学出版社，1975。

③ 1930年，在著名地震学家翁文灏、李善邦的主持下，我国第一座自行设计管理的地震台——北京鹫峰地震台建立，安装使用了当时最先进的地震仪。全面抗日战争爆发后，鹫峰地震台停止使用，李善邦、秦馨菱等辗转来到重庆北碚研制了Ⅰ（霓）式地震仪，开了我国自行设计制造地震仪的先河。参见宋臣田等主编《地震监测仪器大全》，地震出版社，2008。

测台站或迁至内地或中断了地震记录观测。

新中国成立后，国内科技人员研制了适用于近距的短期地震观测仪即大型 51 式地震仪、小型 51 式地震仪①、64 型地震仪、65 型地震仪、DD－1 型地震仪、维开克型地震仪等，适用于远距的中长期地震观测的基式地震仪与适用于中强震的 513 型地震仪和 QZY 型强震加速仪，以及适合于长期地震观测的 763 型地震仪等，并相应建立了中强地震台网、基本台网、微震台网等地震观测组网。20 世纪 80 年代以来，随着区域地震遥测台网、数字化地震台网及地磁、形变、地下流体等台网建设发展，以及对水库、火山、油田等的地震活动专项监测，我国地震观测技术及台网建设得到了长足发展。

目前，国家与区域数字地震台站分别达到 152 座和 792 座，其通过国家地震台网中心对全国的地震数据进行汇集速报与监测管理，并从美国地质调查局地震信息中心汇集全球 77 个地震台网地震数据。同时，国家地震台网中心对国内及邻区 4.5 级及以上地震速报实行十分钟制②，对区域数字台网内 3.0 级及以上地震速报实行三分钟制③，从而使地震观测反应机制不断完善。

同时，党和政府高度重视地震事业体制机制建设，在中科院地工委、国家科委及中央地震工作小组的基础上成立了国家地震局④，并对各省、

---

① 1951 年，地震学家李善邦在Ⅰ（霓）式地震仪的基础上，改进研制成大型 51 式地震仪和小型 51 式地震仪，并在 1954~1958 年得以使用。参见宋臣田等主编《地震监测仪器大全》，地震出版社，2008。

② 所谓地震速报是指对已经发生地震的时间、震中坐标（纬度、经度、震源深度）、震级和震中参考地名在规定时间内做出快速而准确的测定，并即时向政府及有关部门报告，是地震台网直接为社会服务的一种方式。地震速报台网分为国家、省区市、地方地震速报台网三种。参见孙其政、吴书贵主编《中国地震监测预报 40 年（1966~2006）》，地震出版社，2007。

③ 此处是指国家地震台网中心对国内及邻区 4.5 级及以上地震速报时间不超过 10 分钟，精确定位时间不超过 20 分钟，震源机制速报时间不超过 30 分钟。区域数字台网内 3.0 级及以上地震速报初报时间为 3 分钟。有关信息参见中国地震局网，http://www.cea.gov.cn，最后访问日期：2017 年 5 月 10 日。

④ 1971 年 8 月，国发〔1971〕56 号文件即《国务院关于加强中央地震工作小组和成立国家地震局的通知》正式撤销中央地办，成立了国家地震局，并暂由中科院代管。1988 年经国务院机构改革方案审定，国家地震局成为国务院直属机构，级别为副部级。1998 年国家地震局更名为中国地震局。有关内容参见孙其政、吴书贵主编《中国地震监测预报 40 年（1966~2006）》，地震出版社，2007。

自治区、直辖市地震局实行以中国地震局为主的双重领导体制，指导省级以下地震管理机构的工作，地市县地震局（办）则是同级政府组成部门，其业务受中国地震局和各省、自治区、直辖市地震局指导。《防震减灾法》、《地震预报管理条例》、《地震监测管理条例》、《地震现场工作规定》及《地震速报及地震参数发布规定》相继颁布，以加强震情监测预报及其他防震减灾方面制度建设，并通过震害区域联防、预测咨询、标准化管理、科学研究实验、国际合作交流等机制建设，提升了震害管理能力。

（二）灾害驱动下的应急管理

1. 范畴关系

（1）概念辨识

从共性方面看，灾害等指人类社会面临的一种特殊情景或不良状态。突发事件强调了危险的突然临近与猝不及防，灾害是自然或技术因素引起的对人类生命财产或生存环境造成危害的事件，危机则是一系列细小事件引起的可能导致较大范围破坏影响的紧急状态①。它们具有相互交叉属性，即灾害常表现为突发事件，是突发事件的特殊形式，危机则是灾害的表现形式。它们也具有相互转化属性。

从特性方面看，灾害等概念还有特殊的适用范围与场域。灾害主要指自然变异对经济社会的破坏影响，它可以是突发的方式，也可以是缓发的方式。突发事件则强调自然灾害等的突然性，强调时间压力和不确定性。危机则是指严重威胁一个社会系统基本结构和根本价值准则的事件或状态②，其涉及经济、社会等多个领域，强调的是事件或状态的规模性和难控性。

（2）风险特征

从发生概率看，灾害等具有不同的随机特征，根据长中短趋势判断，灾害的发生次数与发生概率属最高值，它在实际中是最让人熟悉的，其中

---

① 参见马晓东《三江源区生态危机治理研究》，西安交通大学出版社，2015。

② Uriel Rosenthal，Michael Charles，Paul Hart，*Coping with Crises：The Management of Disasters，Riots and Terrorism*（Springfield：Charles C. Thomas Publisher，1989）。

有的破坏影响大，有的破坏影响小，其主要源于传统的或自然的风险类型。突发事件的发生次数和发生概率属中间值，它在实际中是最让人感到突然和意外的，有些灾害常以突发事件形式表现出来，它既是传统或自然的风险类型，又是技术的风险类型。危机的发生次数和发生概率属最低值，它是最具破坏性或是最让人感到危急和紧迫的，其主要是灾害或突发事件的严峻后果。

从发展过程看，灾害等事件现象具有不断发展的特征，根据快中慢趋势判断，灾害的社会放大过程最缓慢，其社会放大的途径主要是通过伤亡损失等来传导，灾害的破坏与损失越大，其社会危害也就越大。突发事件的社会放大过程较快，其社会放大途径主要是通过事件的紧急程度等来传导，突发事件的事态影响越大，其社会危害也就越大。危机的社会放大过程最快，其社会放大的途径主要通过经济、社会后果等来传导。

（3）管理属性

从阶段过程看，灾害等事件现象是特定时空条件的产物，其大体形成了以时间为导向的管理逻辑，即处于最前端的是灾害管理，它主要由日常管理和应急管理构成，日常管理承担一般性灾害防减救职能，应急管理承担严重性灾害防减救职能。处于中端的是突发事件应对，它承担突发性灾害的应急响应及救援职能，其在某种程度上与灾害管理交叉重复。处于末端的则是危机管理，它主要承担灾害或突发事件的全面全程管理，它在某种程度上又是应急管理的高级形式。由此而形成了"三位一体"的有机整体，使它们都统一和服务于灾害的发生属性。

从影响范围看，灾害等事件现象是特定场域条件的产物，其大体形成了以任务为导向的管理逻辑。最专业化的是灾害管理，它主要由政府职能部门采取分类管理方式开展防灾减灾救灾工作，以从源头上保障灾害管理长效稳定。较综合化的是突发事件应对，它主要由政府职能部门之间采取协调管理方式开展应急救援工作，以最大限度减轻灾害影响。最综合化的是危机管理，它是政府间及政府与社会间采取协同管理方式，通过政府、企事业单位及社会组织等多方面共同参与化解消弭灾害对经济社会的影响。由此而形成了"专综一体"的有机整体，使它们都统一和服务于灾害的发展属性。

2. 灾害及其应急管理

（1）灾害应急功能

首先，应急管理是把灾害等事件现象有机联系在一起的关键纽带，它既是对灾害和突发事件的应对管理，也是对事态在酝酿形成阶段的前端管理。应急管理使灾害在形成发展的阶段就得到解决，阻止或抑制事态规模演变升级，其在灾害治理过程中具有承前启后的功能。

其次，应急管理是分类处置灾害等事件现象的关键纽带，它适用于不同类型的事件现象。应急管理使灾害在事发表现的不同性质上都能得到解决，防范或消除事态的连锁反应，其在灾害治理过程中具有防微杜渐的功能。

再次，应急管理还是灾害等事件现象综合协调的关键纽带，它是军地部门与政府部门或政府与社会协调应对灾害的重要方式，在一定程度上消除了传统单一化灾害应对的弊端。应急管理使灾害处置形成联动合力，减轻了政府部门应对灾害的舆论压力，其在灾害治理过程中具有多管齐下的功能。

最后，应急管理也是灾害等事件现象分级负责的关键纽带，它是中央和地方根据灾害的影响范围采取的分工方式。应急管理使灾害处置各部门各负其责，充分发挥中央与地方的积极性，科学配置应急处置资源，其在灾害治理过程中具有循序渐进的功能。

（2）灾害应急体制

灾害应急体制是国家建立在自然灾害专门管理或应急管理与突发事件应对基础上，履行防灾减灾救灾与总体国家安全职能的综合性领导组织管理结构体系。其主要由自然灾害日常管理、自然灾害救助管理、自然灾害应急管理、突发事件应对管理等内容构成①，涉及对气象灾害、地质灾害、海洋灾害、森林草原火灾等的全过程管理，以及应对自然灾害或突发事件的综合系统框架。

灾害应急体制也是危机管理体制的重要组成和前提基础，成熟完整的灾害应急体制成为抑制灾害发展演变为危机的重要防火墙，它是把不同类

---

① 中国对自然灾害的日常管理是按照不同灾种由职能部门进行分类管理。

型、不同性质及不同范围自然灾害及其衍生危害等相关内容进行统筹管理的制度保障。灾害应急体制还是自然灾害应急救援及恢复重建期间军队与地方携手、政府与社会协同、部门与部门协调的应急社会网络，并成为提升灾害应急救援能力、减轻灾害经济社会危害的组织保障。灾害应急体制主要采取统一领导、综合协调、分类管理、分级负责、属地管理的指挥体系，实现对自然灾害专门管理或应急管理及突发事件应对管理的权责保障。

此外，自然灾害应急管理与突发事件应对管理具有交叉特点，即自然灾害在事发紧急及破坏严重情况下，需要同时进行自然灾害应急管理与突发事件应对管理，产生专门管理与综合管理复合叠加的特殊现象，形成群策合力及多管齐下的灾害应对或治理局面。

（3）灾害应急机制

灾害应急机制是建立在灾害应急体制基础上的应对处置自然灾害或突发事件时采取的一系列制度措施的总和。其根据灾害类型程度及事发影响等因素分为一般应急机制和特殊应急机制，这两类机制在实施过程中既可交错并行也可分步实行，其根本作用就是最大限度减轻灾害伤亡损失，维护经济社会稳定发展。

所谓一般应急机制是各种自然灾害或突发事件应对中常规的制度政策，它主要反映的是政府防灾减灾救灾的即时准备及响应能力，也是最具普遍性和一般性的应急机制，其主要包括以下七方面内容。

一是预测预警机制。即对可能或将要发生的自然灾害或突发事件进行的风险预判或预防警示，它是建立在长期观测及大量信息基础上相对具有前瞻性或主动性的灾害预防措施，以及由此形成的一整套分析判断研究等防范体系。科学成熟的预警机制能够在灾害来临之际做到人员紧急疏散避险、基本生活用品准备、应急医药物品储备、重要财物临时转移、通信保障等，其主要功能就是减小灾害对生命健康的危害。

二是应对决策机制。即在自然灾害或突发事件发生初期根据事态影响进行的紧急决定或应对处置，它是建立在专业研判、灾情汇商及专家咨询基础上具有临时性或变化性的灾害应对措施，以及由此形成的集思参谋决断等指挥体系。科学高效的应急决策既保障了灾害中枢指挥功能运转，也使应对的紧急措施、任务要求、时间统筹、方式方法等有了目标责任，其在整个灾害应对过程中发挥着领头羊的作用。

三是协调联动机制。即在自然灾害或突发事件应对期间根据事态急缓进行的职能协调或部门联动，它是建立在统一领导、信息共享及分工协作基础上具有综合性或参与性的灾害救助措施，以及由此形成的多方参与合作的职责体系。科学有效的协调联动能够使灾害应对做到部门间的组织参与有序、紧急沟通顺畅、职责划分合理、指挥行动统一等，其主要功能就是防止各自为政及单一部门应对低效乏力现象出现。

四是应急保障机制。即在自然灾害或突发事件救援期间根据事态危害进行的资源储备或基础保障，它是建立在科学生产储备、调运及时及快速反应基础上具有补偿性或救助性的灾害处置措施，以及由此形成的产储运合理组合的保障体系。快速有序的应急保障能够使灾害救援做到资源科学配置、紧急调运物流优化、基础设备运转有序等，其主要功能就是保障灾民基本生活、减轻人员伤亡损失及维护灾区社会稳定等。

五是应急演练机制。即在自然灾害或突发事件发生之前根据事态类型进行的模拟演练或仿真演习，它是建立在综合知识技能、专业化训练及适应性学习基础上具有实践性或操作性的灾害准备措施，以及由此形成的平战结合的救援体系。长期专业的应急演练承担着防灾减灾救灾知识普及教育功能，也具有增强社区灾害意识与积极参与救援意识的作用，并成为一项长期基础性社会公共事务。

六是应急反馈机制。即在自然灾害或突发事件应对过程中根据事态变化进行的信息反馈或信息沟通，它是建立在实地搜集信息、及时准确沟通及连续追踪基础上具有纠偏性或互动性的灾害处置措施，以及由此形成的沟通体系。及时准确的信息沟通能够使灾害救援做到任务目标明确、统筹协调一致等，其主要功能就是加强信息沟通服务。

七是恢复重建机制。即在自然灾害或突发事件发生后根据事态状况进行的恢复重建，它是建立在科学编制规划、按照计划行动及结合实际基础上具有善后性或支援性的灾害恢复措施，以及由此形成的支援建设灾区的恢复体系。恢复重建既包括物资资金等硬件支持，也包括人员技术等软件支援，它是灾害全过程应急响应的后端恢复环节，其主要功能就是发挥政府职能以确保灾区有序运转。

所谓特殊应急机制是紧急严重自然灾害或突发事件应对中特殊的制度政策，它主要反映的是政府防灾减灾救灾的定向准备及处置能力，它是根据灾情实际采取的最具针对性和灵活性的应急机制，主要包括以下四方面内容。

一是先期处置机制。即指在自然灾害或突发事件发生初期由地方政府或国务院有关部门根据职责权限及时开展应急救援控制事态发展的紧急措施。它既是一种临灾的控制处置及为应急响应进行核查报告的准备措施，也是充分发挥地方或基层政府前端指挥功能以防范事态演变升级的缓冲措施。先期处置机制主要适用于灾害事发地偏远、事态性质模糊、破坏损失不明等特殊情况，其基本功能就是为其他后续应急事务提供前期准备。

二是分级响应机制。即根据自然灾害或突发事件事发地区实际及伤亡损失等灾情等级由国务院和地方政府进行的分级应对措施，以及由此形成的"国务院—省—市—县"四级响应领导体系，它既是依托于国家条块结合行政体制统一领导下分工合作的系统措施，也是属地管理或基层管理重心下移以防止过度响应的具体措施。分级响应机制需要通过一个特殊的核灾报灾定灾的前置程序或决策，才能进入相应的响应级别进行应对处置，同时其响应实施过程也需要适时动态调整以体现其灵活性。

三是紧急动员机制。即指在自然灾害或突发事件应对过程中根据灾区需要动员社会各界进行慈善捐助或志愿服务等支援措施，以及由此形成的社会力量开展灾害救援的参与体系，它是政府主导下的灾害应急救援的社会资源辅助措施，也是在全社会积极倡导形成"一方有难，八方支援"抗灾精神的宣传措施。紧急动员机制既包括人财物方面的大力无私援助，也包括其他智力技能方面的志愿服务等内容，其根本就在于把民间分散的资源力量合理有序转换为救灾物资和力量，从而筑牢灾害应急社会基础。

四是紧急救助机制。即指自然灾害或突发事件对灾民人身财产及生产生活等造成严重破坏后由政府或社会进行的紧急救济措施，以及由此形成的灾时社会救助体系，它既是对所有灾民的相对全面系统化的一种救助形式，也是历代以来最基本最普遍的一种临灾治标措施。紧急救助机制的主要功能就是保障灾民的基本生活不受影响或避免出现大规模流民迁移造成的社会秩序混乱。随着国家经济实力不断提升，灾害紧急救助初步实现了从粗放式救助到精细化救助的根本转变。

（4）灾害危机应对机制

灾害危机应对机制就是与常规应急机制相配套的更加全面综合的灾害应对措施，它是自然灾害或突发事件应对机制的最高发展形式，也是多部门多层级多主体共同参与灾害治理的特殊表现形式。同时，灾害危机应对既是国家治理能力与治理体系现代化的重要组成，也是促进国家综合防灾减灾救灾能力建设，充分体现以人为本包容性发展理念的具体举措。它是对常规应急机制与危机应对机制的全面整合及综合运用。其中，危机应对机制主要包括四方面内容。

一是领导指挥机制。它是建立在社会主义制度优越性基础上由党和政府机构等共同构成的具有中国特色的全面统一、运转协调、指挥灵活、协同有序的国家危机管理体系，其主要功能就是在面临灾害时迅速转入领导模式研判应对决策，制定一系列危机减缓措施及恢复重建规划，领导动员全国人民团结一致积极参与抗灾救灾各项工作，保持经济社会发展既定战略目标不改变，并与全国人民共克时艰抗灾救灾等。领导指挥机制是灾害应对的中枢核心及全过程管理的关键环节，决定着灾害危机应对的成败。

二是紧急法制机制。它是在灾害引发紧急状态时由国家或相关部门制定发布实施的旨在减缓消除灾害危害及进行灾后恢复重建的法制措施。它是与常态法律制度相配套的灾害危机时期保持经济社会稳定的法制措施。

三是应急支援机制。它是发生灾害时在全国或地区范围内对灾区抗灾救灾进行的支持援助措施，是建立在人财物、设备装备及技能条件等基础上的专门性救援体系，也是传承"一方有难，八方支援"民族精神及体现全面包容性发展的重要途径。它包括国家层面上的资金物资等的支持，也包括地方层面上的医疗人力等的支援，其主要功能就是紧急保障灾民基本生活及灾后恢复重建秩序，发挥各支援主体的资源优势开展多边对口救援从而使灾区尽快渡过难关。紧急支援机制是灾害危机应对的最基础保障环节，举国支援体系已成为中国特有经验。

四是灾害补偿机制。它是由政府、市场及社会共同承担的对受灾个人或家庭实行的财政、保险及慈善等赔偿补助措施，其主要功能就是通过物质或经济补偿最大限度减轻灾民损失以及时开展灾后恢复重建，使灾民树立信心渡过难关重建家园。它既是应对灾害风险的市场措施，也是对灾害损失的政策补救措施，其根本是通过"有形之手"和"无形之手"的综合作用实现对灾民的补偿。灾害补偿是灾害应对过程中最常见的救济环节，完善的灾害补偿机制成为服务型政府以人为本及综合国力的重要体现。

（5）灾害应急法制

灾害应急法制就是为了防范应对自然灾害或突发事件而制定的规范或指导防灾减灾救灾工作的法律体系的总称。它包括国家层面由全国人大及其常委会制定的法律、国务院制定的行政法规、各部委制定的行政规章，以及地方层面由地方人大制定的地方性法规、地方政府制定的行政规章。在防震减灾、防汛抗洪、传染病防治、环境保护、水土保持、事故安全等领域形成了相对完整的立法体系，初步建立了一套适应我国灾害活动特点的从灾害预防、应急救援、抚恤救助到恢复重建等的全过程灾害应对法制，灾害管理法制化水平日益得到提升。其主要由形式要件和内容要件组合构成。

一是形式要件。党和国家十分重视灾害防治法制建设，相继颁布了一系列专门性的法律法规指导防灾减灾救灾工作，其主要由四个部分构成。①法律，包括《突发事件应对法》、《防震减灾法》、《防洪法》、《传染病防治法》、《卫生检疫法》、《环境保护法》、《海洋环境保护法》、《水污染防治法》、《草原法》、《消防法》、《森林法》、《气象法》、《安全生产法》及《矿山安全法》等；②行政法规，包括《防汛条例》、《破坏性地震应急条例》、《地震预报管理条例》、《突发公共卫生事件应急条例》、《水库大坝安全管理条例》、《水土保持工作条例》、《危险化学品安全管理条例》、《森林防火条例》、《矿山安全法实施条例》及《气象灾害防御条例》等；③地方性法规和地方性规章，如北京市人民政府发布的《关于对非典型肺炎疫情重点区域采取隔离控制措施的通告》等；④行政规章，包括《关于加强地震重点监视区的地震防灾工作的意见》及《消毒管理办法》等。还包括其他一些政策性的文件、规定、通告等，大体形成了功能齐全、形式多样、实施灵活、保障有力的灾害法律体系。

同时，灾害应急法制特殊形式包括《宪法》第六十七条和第八十条有关"全国总动员或者局部动员"和"宣布进入紧急状态"的条款。可见，我国灾害应急法制建设经历了从无到有、从小到大的发展过程，这些法律法规的制定实施使灾害应对做到了有法可依、有章可循，而且使灾害应急管理更加规范有序，适应符合了我国防灾减灾救灾工作的现实要求。

二是内容要件。我国灾害应急法制建设不但形式多样、结构合理，而且内容制定充分结合灾害发生发展特点规律，通过法制方式将灾害治理与防抗救等相结合，以保障防灾减灾救灾工作顶层设计及整体治理。其主要由监测制度、组织制度、救援制度、恢复重建及责任制度等内容构成。

监测制度即对灾害现象及其活动规律的日常观察或动态追踪方面的法律规定，其主要适用于地震、洪水、森林火灾等灾害的监测预报，使灾害在发生初期或事态影响没有扩大之前及时加以防范的预警制度。它是建立在现代科学技术及专家智库平台系统基础上的知识管理活动，以及由此形成的灾害信息管理体系。其功能就是不断提高对灾害的监测预报水平及风险管理能力。

组织制度即对灾害发生前后进行领导指挥或管理协调方面的法律规定，它是通过常态化的灾害管理指挥机构对人力、物力、财力、信息等资源进行协调配置以保证救灾工作顺利进行的领导制度。它是建立在科学合理的体制机制及分工合作基础上的决策指挥活动，以及由此形成的灾害领导组织体系。其功能作用就是建立迅速灵活高效的灾害指挥机制及提高其协调管理能力。

救援制度即对灾害发生时的应急响应或抢险救灾方面的法律规定，主要是对军队、政府及社会等不同力量参与抢险救灾工作的应急制度。它是建立在统一规范及综合协调基础上的应急响应活动，以及由此形成的灾害救援体系。其功能就是通过构建规范有序的应急救援秩序，发挥各治理主体积极作用甚或减缓灾害破坏影响。

恢复重建制度即对灾区恢复生产生活及救助安置方面的法律规定，它是通过物质层面与精神层面等的帮助支持使灾区尽快恢复常态秩序的救助制度。恢复重建既要发挥各级政府的积极性及服务职能，也要发挥社会各界乃至灾民自身的主动性。该制度的功能就是通过全方位救助安置措施，使灾民不因灾害破坏损失而陷入悲观失望境地，减轻灾害对经济社会影响。

责任制度即对政府部门及其工作人员灾害治理或履职服务方面的法律规定，其主要通过纪律责任与法律责任等形式体现问责机制，它是建立在权责明确及服务于公共利益基础上的奖罚惩处活动，以及由此形成的灾害责任体系。它反映的是政府部门及其工作人员灾害管理服务的常态化纠偏机制，其功能就是加大对灾害管理服务的依法监督及落实执行力度。

（6）灾害应急预案

灾害应急预案就是各治理主体为及时有效应对处置自然灾害或突发事件且减缓其破坏影响所采取的规范标准行动方案。我国的灾害应急预案最初是相关法律法规中的原则性规定，"非典"疫情后，为进一步适应突发公共事件事态形势及管理精细化的现实要求，国务院办公厅专门印发了"突发公共事件（总体）应急预案框架指南"①，对中央政府与地方政府的应急预案制定工作进行了具体规定，在此基础上，国务院加强了应急预案体系制度建设工作，进一步提出了"纵向到底，横向到边"及覆盖各地区、各行业、各单位的全方位应急预案体系②，初步建成了包括国家总体应急预案、专项应急预案、部门应急预案、地方应急预案、企事业单位应急预案、大型会展和文化体育活动应急预案等具有中国特色的以人为本的应急预案体系，大体形成了综合管理预案、分类管理预案、分级管理预案、单位管理预案等系统化、多样化、规范化的灾害应急制度，先后经历了"从无到有，数量优先，量变质变，从有到优"的发展过程③。

第一类是综合管理预案。即根据自然灾害的紧急程度及事发性质编制的总体方案，并对突发性自然灾害与其他突发公共事件共同进行综合管理的应急预案。其主要应对紧急突发的对公共利益及经济社会造成危害的必须及时处置的灾害事件，它是建立在政府部门间协调及政府与社会协同基

---

① 即国办函〔2004〕33 号文件《国务院有关部门和单位制定和修订突发公共事件应急预案框架指南》和国办函〔2004〕39 号文件《省（区、市）人民政府突发公共事件总体应急预案框架指南》。

② 具体内容参见《国务院关于全面加强应急管理工作的意见》，中国政府网，http://www.gov.cn/gongbao/content/2006/content_352222.htm，最后访问日期：2017 年 10 月 9 日。

③ 参见钟开斌《中国应急预案体系建设的四个基本问题》，《政治学研究》2012 年第 6 期。

础上的综合响应机制，以及由此形成的统领性的灾害应急预案。其主要包括《国家突发公共事件总体应急预案》、地方突发公共事件总体应急预案①、《军队处置突发事件总体应急预案》等内容，其主要针对的是自然灾害或突发事件涉及跨省级行政区划、跨市县行政区划等超出当地政府处置能力及其他特殊情况时的应对工作，功能就是通过统领性顶层指挥方案实现对跨域跨界灾害的协调管理，指导解决灾害应急指挥事权职责等可能存在的体制机制障碍，为其他形式的灾害应急预案提供指导性政策文件。

第二类是分类管理预案。即根据灾害的形式种类及事发特点编制的分解方案，并将其与突发公共事件总体应急预案进行联动使用的分类管理的应急预案。其主要应对因自然不可抗力或气候变化异常对生命健康及生产生活造成破坏必须紧急救援的灾害事件，它是建立在常态管理与非常态管理基础上的平战响应机制，以及由此形成的专业性的灾害应急预案。其主要包括《国家自然灾害救助应急预案》、《国家防汛抗旱应急预案》、《国家地震应急预案》、《国家气象灾害应急预案》与《国家突发地质灾害应急预案》及地方政府制定的相关预案等内容，其主要针对的是通过专业研究分析熟悉了解灾害形成机理及运用科学方式对此进行的处置应对工作，其功能就是通过一种精细化科学指挥方案实现对特定易发灾害的专业管理，以提升对多灾种的防灾减灾救灾能力。

第三类是分级管理预案。即根据灾害的危害影响及事发表现编制的分步方案，并按照属地管理原则从低到高分别由相应管辖主体负责启动的应急预案。其主要解决的是政府层级之间或部门之间不论灾害大小一律一哄而上等过度应急及浪费资源的做法，体现了重心下移发挥基层前端治理或苗头治理的优势，从而使不同层级与部门之间分工实施应对工作。国内常用的灾害分级一般为四级，即特别重大、重大、较大、一般（或以颜色标识），其相应由地方与中央分工领导、地方领导与中央协调、地方支持及灾区领导与部门协助等形式开展响应工作。其功能就是通过一种协作化分工指挥方案发挥中央统一领导与属地管理两方面积极性，实现对不同影响

---

① 此处地方突发公共事件总体应急预案主要指省（区、市）人民政府总体应急预案、州地市人民政府总体应急预案、县人民政府总体应急预案。

灾害的分级管理，以提升灾害应急指挥及资源配置的合理性和有效性。

第四类是单位管理预案。即根据灾害的波及范围及事发过程编制的分片方案，并以政府应急预案为基础的指导管理企事业单位应对自然灾害或突发事件的应急预案。它是建立在企事业单位指挥管理与政府统筹协调指导基础上的灾害应急预案，其主要解决的是企事业单位与政府部门之间应对管理灾害时存在的各行其是或不协调不衔接的做法，体现了横向到边、多元参与及无缝隙化治理优势，从而使企事业单位与政府实现整体性应对。单位应急预案是自身灵活性与政策原则性相结合的结果，其功能就是通过一种动员性内部指挥方案落实承担紧急时刻管制措施实现对灾害的管理，以提升对企事业单位的灾害动员指挥能力及其自身的应急处置能力。

（三）灾害治理框架

1. 治理主体

灾害影响经济社会诸多方面，灾难面前任何相关者都不可能独善其身或置身事外，因而灾害治理是共同参与、有的放矢的多样化主体结构。

首先，政府是灾害治理核心主体。灾害及其治理是政府公共服务履职的重要内容，其灾害治理成效集中体现了全社会所享有的发展福祉，政府领导指挥着其他主体的治理活动。政府治理灾害以国家力量为保障，能够最大限度调用各方面体制资源开展防灾减灾救灾工作，政府作为治理灾害的"第一反应人"具有不可替代和举足轻重的作用。

其次，企事业单位是灾害治理伙伴主体。灾害及其治理还需要运用市场调节机制和社会动员机制来辅助配合政府有序履行治灾职能，充分发挥其在救灾物资生产、应急医疗服务、应急咨询服务等方面的作用。企事业单位治理灾害以科技力量为保障，能够最大限度调动社会资源开展防灾减灾救灾工作，企事业单位作为治理灾害的"一致反应人"具有独一无二的作用。

再次，社会组织是灾害治理参与主体。灾害及其治理还需要发挥社会组织在慈善救助、志愿服务等方面的作用，其承担政府和市场机制之外的社会机制的治灾补救职能。社会组织治理灾害以志愿精神为保障，能够最大限度调动民间资源开展防灾减灾救灾工作，社会组织作为治理灾害的

"连锁反应人"是适应日益复杂的灾害不可或缺的主体。

最后,家庭个人是灾害治理基本主体。灾害及其治理还需要发挥家庭或个人在团结互助、凝聚人心、反思学习等方面的作用,其承担把各项制度安排贯彻落实到实际行动或通过长期的学习实践增强自身灾害意识的治灾职能。家庭或个人治理灾害以集体力量为保障,能够最大限度调动基层资源开展防灾减灾救灾工作,集体或个人作为治理灾害的"协同反应人"也是不可忽视的主体。

2. 治理内容

灾害治理是在常态管理和非常态管理基础上对防灾减灾救灾制度的改革完善过程,也是全社会对正确处理人与自然关系的适应过程,其主要包括顶层设计战略、响应制度立体化、灾后救助精细化、反思适应学习等内容。

一是顶层设计战略。即指政府或国家层面对灾害管理实施的全面综合协调化统辖指挥领导及以人为本的防灾减灾救灾公共服务,旨在改革废除不适应灾害的管理体制机制,建立更加科学高效、综合协调、协同联动、有序参与的灾害防范应对战略,以提升国家或地方的灾害处置能力。据此,一方面,建立健全适合中国国情的灾害决策体制,构建一种扁平化的决策会商机制,随时根据灾情变化进行科学决策。使灾害应对决策始终是指导全部灾害应急管理工作的核心首脑,以保证灾害状态下决策指挥的灵敏统一。另一方面,加强提升灾害领导指挥及联动协调能力,构建一种能够协调的综合化的应急救援指挥机制,根据灾情需要或救灾进展及时协调处理好部门间关系,使灾害综合领导指挥坚持实现常态化或系统化机制,以保证灾害状态下领导组织的协调一致。

二是响应制度立体化。即指政府部门、企事业单位及社区应对灾害时实施的统一联动整体化响应制度及相互衔接的应急管理制度,建立一种总分结合、部门协调、流程合理、重点突出的灾害应对响应制度体系,以提升灾害应急响应能力。一方面,优化完善现有的灾害应急预案,构建一种总体预案与专项预案、部门预案与地方预案、单位预案与政府预案等能够统筹化的分工合作预案体系,使不同预案之间形成层次化或任务型的有机联系,推动灾害应急预案真正发挥紧急事态下由常态管理转入非常态管理的精细化指导作用，以保证灾害初期应急处置的科学规范。另一方面，建立健全灾害事态下社会秩序法治化管理体系，构建一种包括生命线保障、救灾物资管理、慈善捐赠管理等的使灾害社会管理有法可依与有章可循的制度框架，以保障灾时社会秩序。

三是灾后救助精细化。即指政府部门、企事业单位及社会组织等处置灾害时实施的伙伴协同多元化灾后救助及功能齐全的社会救助，建立一种政府引导、多方参与、各尽所能、形式多样的灾害社会救助体系。因此，一方面，建立灾后恢复重建伙伴关系，构建一种能够有效发挥政府、市场及社会协调互补及全面响应的多方灾后救助机制，通过政策的、经济的、物质的、心理的救助方式，使不同救助机制之间形成伙伴化或项目型的救助模式，充分发挥举国体制及中国特色社会主义制度"一方有难，八方支援"价值观的优越性，最大限度减轻灾害对灾区经济社会的影响。另一方面，优化完善应急救灾物资储备调用系统化管理方式，构建一种适应高原环境等条件的能够及时保障灾民基本生活需要的平时储备与灾时调用相结合的救灾物资管理机制，通过信息化、智能化、物联化的科技储备及科学合理调用方式，实现救灾物资跨省区跨地域及时高效保障服务，提升应急救灾物资调用管理水平。

四是反思适应学习。即指政府、企事业单位、家庭或个人等对灾害的反思认识活动，建立一种预防为主、防抗救结合、未雨绸缪、防微杜渐的灾害学习反思体系。据此，一方面，发挥防灾减灾救灾文化形塑作用，构建一种能够防范适应灾害的生产生活方式，把灾害忧患意识融入人类生活的各个方面，使每一次灾害应对都能为全社会提供经验，从而为下一次灾害的来临做好防备；另一方面，提升灾害应急演练水平及应急参与能力，形成能够适应突发灾害的快速反应、组织协调、紧急疏散等实战应对能力，通过仿真模拟、情景再现、临时演练、实地参与等形式，切实提升灾害应急演练的真实度、参与度、知晓度和有效度，以发挥应急演练就是真实救灾的模拟作用，发现总结平时演练过程中的遗漏与不足，真正达到服务于抗灾救灾的目的。

3. 治理方式

灾害及其治理就是从单一应急性治标管理转向对灾害的综合预防性治

本管理，也就是通过法治的方式使得灾害治理秩序能够达成甚或构建起新型的灾害公共服务制度体系，以实现对灾害的治理。

一是政策引导服务。即指灾害消除解决需要全社会共同参与的治理格局，旨在构建一种超越传统模式的以国家或政府为主体与以其他组织和个人为辅助支撑的现代灾害治理模式。也就是说，一方面，政府合理设置划分不同组织的应急救灾职能，根据灾情大小或实际需要引导社会有序参与救灾活动，发挥其专业化、规模化和资源化的优势，配合政府开展抗灾救灾工作或在政府的授权下积极作为，聚力民族精神，众志成城，共克时艰，保证抗灾救灾工作的顺利实施。另一方面，政府对社会参与应急救灾时的不规范不合理行为活动及时加以防范，通过审核备案制度、绩效评估制度及信息公开机制加强社会组织内部综合治理和形象建设，有效发挥其抗灾救灾作用。

二是合作分工救灾。即指灾害救援救助需要参与主体依据灾情及其职能性质进行合作化治理，旨在构建一种各尽所能、规范有序、优势互补、精细分工的现代救灾管理模式。一方面，根据灾区需要及其紧急程度建立一种灾害救援序列制度，合理设置政府、企事业单位等主体的救灾内容及次序，实时动态测算发布灾区道路通行与人员进驻的容纳量或匹配度以防止人员车辆盲目涌入导致秩序混乱，建立专业搜救队、医疗救援队等专业队伍先期救援，其他企事业单位和社会组织随时跟进救援及补充救援的次序结构。另一方面，根据恢复重建需要及其复杂程度建立灾害重建目标制度，政府要系统科学规划灾后社区的基础设施、公共服务设施、生产生活设施、住房保障设施等短期基本目标和社会秩序恢复管理、生态环境保护、经济社会发展等中长期跨越目标，其他企事业单位或社会组织根据其业务性质和社会责任通过对口支援、人力帮扶、资金支持、技术支援等方式积极支持灾区恢复重建及经济社会发展。

三是回应责任制度。即指灾害履职监督需要及时关注灾民期待及实施救灾服务问责制度。一方面，根据灾情严重程度建立一种灾害损失分类补偿制度，通过科学预判、勘察登记、实地统计、资料核对等方式按照轻重缓急及社会影响对人员、财产、住房、厂房等的伤亡损失进行登记核查，依据政府、市场和社会的救助责任规定启动损失补偿机制。另一方面，根据救灾履职及救助服务岗位责任制或社会责任规范建立灾害服务标准化制度，依据经济社会发展情况或人财物等资源综合能力制定政府、市场和社会的救灾装备、救援流程、人员素质，以及行为活动的内容、范围、时效、流程、装备、方法等方面的规范，根据规范要求的履职服务及指标标准实施岗位目标责任考核认定，据此保障救灾工作服务的科学化管理并从制度环节进一步增强救灾及灾务管理的责任意识。

4. 治理评估

灾害治理评估就是为减轻消除灾害风险因子及其影响，采用定期或不定期、定性或定量、自评或外评、主观或客观、结果或过程等相结合方式对综合灾害应对管理能力进行的反馈总结，通过灾害响应恢复建设、灾害韧性社区建设、灾害承载力建设等软硬件综合治理，推动提升各部门、各地方、各单位灾害适应防范能力，促进防灾减灾救灾事务治理体系与治理能力现代化。

一是灾害响应恢复建设。即指对灾害的初期应对治理能力，主要包括灾害应急管理体制机制法制预案等体系的完善度或有效度、灾害应急救援救助等队伍的合作度或参与度、灾害应急生命线工程等设施的保障度或可靠度、灾害应急恢复重建等安置措施的满意度或和谐度、灾害应急社会管理等秩序的有序度或持续度等内容指标。据此指标体系设置相应参数值或绩效值反映灾害响应恢复治理能力，其根本就是要实现灾害初期应急反应系统科学运转，从而达到一种及时有力和持续稳定的应急响应绩效及治理状态。

二是灾害韧性社区建设。即指一定区域范围内基层民众对灾害及其破坏影响的治理能力，其主要包括对区域灾害因子等风险的感知度或熟悉度、区域灾害应急准备防御等设施的完整度或坚固度、区域灾害应急自救互救疏散等紧急避险方式的保障度或有效度、区域灾害应急生产生活恢复等保障的及时度或充分度、区域灾害应急医疗及心理健康疏导等救助的覆盖度、区域灾害应急物资储备及社会救助等的有序度等内容指标。据此指标体系设置相应参数值或绩效值反映灾害韧性社区治理能力，其根本就是要实现社区民众坚实的防御力，从而达到一种坚实有力和主动适应的应急韧性绩效。

三是灾害承载力建设。即指对灾害影响后果及其伤亡损失的补偿承受治理能力，其主要包括灾害影响范围程度等后果的判断度或可测度、对灾害衍生波及传导等途径的熟悉度或了解度、灾害人员伤亡伤残等救助的及时度或满意度、灾后工农业生产恢复等的适合度或可行度、灾后经济社会发展目标的适合度或灵活度等内容指标。据此指标体系设置相应参数值或绩效值反映灾害治理能力，其根本就是要实现举国人财物资源等补偿支撑的强大能力，从而达到战略服务的应急承载绩效。

三 新分析框架与青藏高原地震应急管理的契合性

"灾害—事件—治理"旨在把灾害预防管理、应急管理及灾后治理纳入"连续统"的分析视角，以构建一种整体性治理的理论路径，推动灾害管理研究范式转向。于此，新分析框架突出了高原地震灾害对环境社会影响的实际情况，通过政府部门、企事业单位、社区及家庭等的参与治理提升灾害管理理念，加强对高原地震等灾害的防减救能力。

（一）流程上的契合性

地震应急管理是与灾害预防管理及恢复治理有机联系的流程整体。青藏高原是我国地震灾害多发地区，地震应急管理只能暂时缓解震害，亦即地震应急管理在时空范畴上属紧急事件处置模式而不是全过程综合治理模式，一种理想有效的地震灾害解决机制必然是预防管理、应急管理和灾后治理相互联系的统一体。其中，预防管理主要承担对地震的感知研判及活动规律监测预报和防震减震系统工程职能，意在构建地震风险感知生产生活模式及工程防范措施。应急管理则是在预防管理基础上地震发生时的响应处置。灾后治理又是震后的恢复重建及反思适应活动。从地震灾害的预防管理到应急管理再到灾后治理的处置流程与地震活动规律及震害紧急度具有显著契合性。

（二）响应上的契合性

地震应急管理是与灾害部门管理及协同管理有机联系的组织整体。我国对地震灾害实行任务型的管理方式。其中，专业部门作为第一梯队承担震情震害分析及决策咨询辅助职能，职能部门作为第二梯队承担防灾减灾救灾支持及协助专业部门职能，辅助部门作为第三梯队承担灾害社会救助及协助专业部门和职能部门职能，企事业单位作为第四梯队承担科技或信息支撑及保障服务前述梯队职能，社会组织则作为临时梯队根据震情需要和政府部门救灾进展承担志愿救灾及慈善活动职能，从而形成综合防灾的协同机制。

（三）职能上的契合性

地震应急管理是与灾害事件管理及过程管理有机联系的职能整体。其中，事件管理作为结果管理是地震已经形成危害且要采取措施减轻其影响的防控型管理方式，过程管理作为全面管理是在地震灾害酝酿阶段、发生阶段、发展阶段、消弭阶段都需要进行的灾害风险防范化解，以及从源头上消除其危害影响的预防型管理方式。既要积极防范应对地震灾害给生命健康及经济社会造成的影响，采取有效措施减轻危害，还应科学认识地震规律，采取主动措施综合预防治理地震灾害，从而形成局部性应对与整体性治理结合的复合机制。

（四）功能上的契合性

地震应急管理是与孕灾环境管理及社会管理有机联系的功能整体。其中，孕灾环境管理作为风险管理是对地震活跃区或可能的地震致灾因子的规避及对人类行为进行纠偏的规避型管理方式，社会管理作为软实力管理是保障地震灾区有序运转且提供灾区恢复重建基础功能的保障型管理方式。既要正确处理人与自然关系及人地关系，采取合理措施开展经济社会活动，还需及时对震后灾区基础设施保障及秩序恢复提供服务，从而形成纠偏治理与秩序治理结合的保障机制。

第三章　青藏高原地震灾害政府
与社会协同治理

一　协同治理的内涵与实质

20 世纪 70 年代，物理学家赫尔曼·哈肯（Hermann Haken）在《协同学导论》《高等协同学》等著述中提出了"协同"概念及"协同学"（Synergetics）理论体系，通过对自然、生物等的观察分析，阐述了"开放系统非平衡有序结构原理"① 与"不同系统在结构功能上的自组织原理"② 等核心议题，认为协同学就是"协调合作之学"，即研究系统间基于协调合作路径再造出新的有序结构及其宏观效应③。该研究旨在探讨通过"无形之手"驱动的顺序关系使无序变得有序或由一种秩序转为另一种秩序的相变机制，以及自组织从混沌状态发展为协同状态的量变质变原理等内容④。

（一）协同学理论概要

协同学理论是连接自然科学与社会科学的交叉研究，自提出以来就广泛应用于物理学、生物学、经济学、管理学等学科领域，哈肯领导的斯图

---

① 〔德〕H. 哈肯：《协同学导论》，张纪岳、郭治安译，西北大学科研处，1981。
② 〔德〕H. 哈肯：《高等协同学》，郭治安译，科学出版社，1989。
③ 〔德〕赫尔曼·哈肯：《协同学：大自然构成的奥秘》，凌复华译，上海译文出版社，2005。
④ 〔德〕H. 哈肯：《协同学——自然成功的奥秘》，戴鸣钟译，上海科学普及出版社，1988。

加特学派成为非平衡统计物理学派主流①。

1. 协同学概念框架

哈肯运用自然科学的概念范式，提出了"开放系统"、"控制参量"、"序参量"、"伺服"、"涨落"、"无序与有序"、"相变"及"自组织"等协同学的基本范畴及其概念关系②，并通过数学工具分析法解释了协同学概念的核心要义。

"开放系统"即指生物界或非生物界各组成部分通过持续的能量或新物质的输入、输出与转换，不断相互探索新的位置、新的运动过程或新的反应过程的结构或事物。

"控制参量"即通过外部作用控制影响系统发展或改变其平衡状态的不同变量，它是开放系统进行能量或关系交流的驱使条件或外部因素。

"序参量"即指使得一切事物有条不紊地组织起来的"无形之手"。它由单个部分的协作而产生，同时又支配各部分行为。它类似木偶戏的牵线人，也就是决定着事物从混沌状态到有序状态的支配原理。

"伺服"即指子系统或事物在能量或信息输出转换过程中能够进行精准灵敏响应的反应系统。

"涨落"即指子系统在改变它原有的宏观性质或平衡状态的临界点的不稳定性因素，或是驱使系统离开原有状态的熵值耗散或弛豫时间，它是自组织在形成过程中驱使系统去适应新状态的环境。

"无序与有序"，子系统或事物杂乱无章或没有处于应有位置的状态称为无序，子系统或事物各就各位及有条不紊的状态则称为有序。

"相变"即指子系统或不同事物间产生协同关系使原有系统平衡被打破，形成从无序到有序或由一种秩序转为另一种秩序的新的平衡关系或新的宏观状态，分为非平衡相变和平衡相变。

"自组织"是指对作用于子系统或事物的外部环境（控制参量）加以

---

① 〔德〕H. 哈肯：《协同学讲座》，宁存政等译，陕西科学技术出版社，1987。

② 参见张立荣、冷向明《协同治理与我国公共危机管理模式创新——基于协同理论的视角》，《华中师范大学学报》（人文社会科学版）2008年第2期。

改变使其达到临界点从而使系统处于一种新的有序度或结构的状态，或是子系统各要素间达成耦合产生的新结构状态，或者是从一个初始无序（或均匀）状态过渡到有序状态时所形成的结构模式。

2. 协同学理论观点

一是协同知识构建前提。协同原理或协同关系适用于具有开放系统的事物或结构，是在能量或物质交流作用下使得一种或几种集体行动或反应过程取代支配其他运动形式从而形成协同效应。也就是说，协同关系是由许多子系统组成的新系统，通过子系统的性质构造出新系统的性质以形成积极有序的宏观结构的质变过程。同时，协同关系并不是自然形成的，它是不同子系统或事物之间相互竞争的结果，最终使某种有序状态占据优势并支配一个系统的所有部分，从而促使各个部分也进入这种有序状态的现象[1]。

二是协同效应发生机制。在由大量子系统构成的开放系统中，当某种条件发生变化或以非特定方式改变时，子系统相互作用从原有状态转变为新的状态或若干单个部分构成的系统在宏观尺度上发生质变，它既是一个过程，也是一种结果。也就是说，协同效应的发生是能量输入达到临界值产生的新状态或扬弃过程，通过相同性质集体行动的竞争、协作、互动等活动服务于经济社会事务。协同效应及其功能完成后，子系统或事物又将处于新的协同活动。

三是协同相变组织形式。事物或子系统从一个状态到另一个状态的变化既改变了原有组织关系又会产生新的组织形态，这种宏观性质的新组织形态是一种网络化和动态化的自组织，其各组成部分之间既有稳定耦合关系又有随机调整适应特点，其人员构成、职能设置、信息传递、制度建设、管理流程等方面更加灵活优化与合理搭配，是一种完全摒弃了科层管理体制部门化、程序化的全新组织形式。这种自组织形态从结构、功能和效率上都是对传统组织形态的全方位超越与深刻发展。

四是协同内容社会效应。任何事物或系统追求协同效应的根本目的就

---

① 参见〔德〕赫尔曼·哈肯《协同学：大自然构成的奥秘》，凌复华译，上海译文出版社，2005。

是实现整体大于部分之和的显功能。作为一种集体行动，一方面，协同指向的是子系统间的竞争行为，通过竞争促使事物或子系统朝着某一方向发展，并不断引导纠正其他无序部分逐步进入有序状态的活动；另一方面，协同反映的是事物或子系统间的综合功能，它来自原有系统但又不囿于其中的新型复杂结构，并通过职能再造或时空延伸实现其综合功能最大化，以提升应对复杂社会现象的治理能力。

3. 协同学与应急管理

中国应急管理无论在理论研究还是实践层面都取得了显著成效，为维护人民群众生命财产安全及经济社会稳定发展做出了不懈努力，应急管理部的成立及国家综合性消防救援队伍的组建运转更是成为推动应急管理综合协调改革及加强灾害应急管理职能整合的具体尝试。

一是灾害形势需要多方协同参与应对。随着经济全球化深化和人际流动频繁，地震等灾害的影响及涉及范围不断加大，通过借鉴协同理念鼓励社会部门积极配合政府参与灾害救援能够有效减轻灾害影响。

二是灾害管理需要条块协同综合响应。灾害管辖主要是救灾政策的运转实施，业务管辖主要是救灾方式的运转实施，强调救灾政策而忽视救灾方式或强调救灾方式而忽视救灾政策都无法实现全面救灾功能，即条块协同的综合灾害管理是提升政府灾害应对能力的重要内容。

三是灾害救助需要伙伴协同共担保障。积极动员企事业单位、社会组织、家庭或个人等发挥各自救灾优势并与政府形成协同呼应的救助局面，共同承担灾区恢复重建及灾后救助资源保障职能，也是整体防灾减灾救灾能力的集中体现。

四是灾害救援需要专兼协同任务配合。灾害救援即以机械化方式或人工化方式实施的人员搜救、伤病医治、道路排险、生命线疏通等紧急措施，国内一般采取以专业化队伍为主、以民间队伍为辅的灾害救援形式。专业化队伍是由国家或政府组建派出的承担地震等重大紧急灾害救援任务的最快响应人制度，也是灾害救援的主力，民间队伍是由集体或专业人员组建的辅助政府专业救援或具有专长救援任务的特定响应人制度，是灾害救援的辅助力量。专兼职协同救援成为减少震害人员伤亡与提升急救排险效率的主要形式。

五是灾害预防需要上下协同教育。灾害教育是涉及政府、企事业单位、社区、家庭或个人及从源头上预防灾害与减轻灾害风险的重要软实力，政府与其他组织是开展灾害预防教育的主体，家庭或个人是接受灾害教育的对象，其主要是积极参与落实灾害教育各项任务规定，并把防范意识自觉融入生产生活及经济社会活动的方方面面，通过点滴践行不断增强全社会灾害责任意识，从而形成灾害预防教育上下协同、落实践行的良性效应。

（二）协同治理内在要义

1. 协同治理含义

宏观上，即指在灾害管理及应急过程中，运用协同学和治理与善治的理论方法，使政府、企事业单位、社区、家庭及个人等共同参与灾害预防预警、响应处置、紧急救援、恢复重建等应灾事务，科学制定政府与社会灾害应急的任务流程、组织形式、参与内容、资源配置等协同机制，主动适应经济社会实际与人民群众需求，从而使政府与社会形成良性可持续灾害应急协同机制。

微观上，即指在灾害管理及应急指挥中，根据协同学原理和治理与善治的路径依赖，政府与社会协同参与灾害应急的形成条件、功能作用、人员规模等发生机制。它既要考察政府间的协同关系，也要考察政府与企事业单位、社区、家庭间的协同关系，以及这种多元协同网络的结构模型及运行路径，结合灾害经验认识不断完善优化政府与社会应急协同关系，适时根据灾害特殊性选择相应的协同路径，提升政府与社会共同防灾减灾救灾能力。

2. 协同治理特征

一是协同主体有序性。灾害协同治理体现了政府与社会"梯级协同救援模式"，即国家或政府是灾害应急主体力量，承担着灾害应急的统一管理和全面管理职责，社会是灾害应急的辅助力量，承担着灾害应急的专业服务和辅助管理职责。突发地震或紧急状态下，政府和军队是实施灾害救援的第一梯队，其作为先遣力量进入灾区负责开展人员搜救及险情排查等工作，企事业单位是实施灾害救援的第二梯队，其作为后援力量进入灾区负责开展疫病防治及专业救助等工作，社会组织是实施灾害救援的第三梯队，其作为辅助力量进入灾区负责开展志愿服务及慈善救助等工作，家庭及个人是实施灾害救援的第四梯队或后方梯队，其作为基础力量负责开展灾区自救互救或后方支持等工作，梯队协同救援模式保证了灾后应急力量根据灾情需要进行适时动态调整的有序性。

二是协同指挥综合性。灾害协同治理体现了政府与社会"分级协同指挥模式"，即灾害应急是国家或政府的基本责任，国家或政府承担着灾害应急的决策领导和救灾实施职责，社会组织则承担着灾害应急的人道责任。突发地震巨灾或紧急状态下，国家或政府组建抗震救灾综合指挥部门作为前沿指挥统一领导全部抗震救灾工作，负责灾后恢复重建及经济社会稳定等全局性事务，职能部门作为配合指挥在综合指挥部门领导下开展本部门抗震救灾工作，负责灾后紧急救助及防灾减灾等局部性事务，辅助部门作为参谋指挥为综合指挥部门和职能部门提供救灾决策参谋及专业化建议等。在此前提下，社会组织根据政府救灾进展或灾区需要发挥拾遗补阙作用开展灾害慈善救助等志愿性工作。分级协同指挥模式保证了灾后应急指挥根据职能属性进行综合规范设置的科学性。

三是协同组织整合性。灾害协同治理体现了政府与社会"分工协同组织模式"，即灾害应急主要依托于政府同级部门间和上下级部门间的组织整合，辅之以对社会组织类型间和区域间的组织整合。突发地震巨灾或紧急状态下，中央政府组织各部门进行国家应急救灾，地方政府在中央政府领导下组织各部门进行属地应急救灾。同时，灾害指挥决策部门、灾害管理职能部门及辅助救灾部门又分别领导地方进行本部门应急救灾，地方政府又同时领导地方灾害指挥决策部门、灾害管理职能部门及辅助救灾部门进行属地应急救灾。在此前提下，只有在国务院民政部门或地方政府民政部门（县级及以上）合法登记及通过国务院或地方政府有关部门（县级及以上）业务主管审核的全国性组织、区域性组织或地方性组织等才有参与应急救灾的合法资格①，并且社会组织应急救灾还需在政府灾害管理部门领导下开展救灾活动。分工协同组织模式保证了灾后应急组织根据权责范

① 参见《民政部关于〈社会组织登记管理条例（草案征求意见稿）〉公开征求意见的通知》，民政部网站，http://www.mca.gov.cn/article/xw/tzgg/201808/20180800010466.shtml，最后访问日期：2019年9月26日。

围进行有序响应整合的规范性。

四是协同过程持续性。灾害协同治理体现了政府与社会"点面协同应对模式",即灾害管理根据应对周期分为应急救灾和综合治理两方面内容,应急救灾反映应对紧急事件协同关系,综合治理反映系统治理灾害协同关系。突发地震巨灾或紧急状态下,中央与地方政府同期分级启动国家总体应急预案、部门应急预案、专项应急预案、地方应急预案、企事业单位应急预案等开展抗震救灾及恢复重建工作,充分动员社会力量有序参与抗震救灾及恢复重建工作。据此,通过应急救灾管理总结反思,还需实施标本兼顾灾害综合治理,其中政府通过监测预报、工程治理、制度建设等工程性防御和非工程性防御措施提升灾害预防管理水平,社区、家庭及个人等全面树立居安思危有备无患的防范意识,并把灾害观念和风险意识自觉落实到生产生活各个方面以减轻灾害损失。点面协同应对模式保证了灾害应对根据时间周期进行标本兼治的有效性。

五是协同资源保障性。灾害协同治理体现了政府与社会"前后协同保障模式",即灾害应急资源包括现场紧急救援人财物保障与社会支援等内容。突发地震巨灾或紧急状态下,政府依法通过公共财政资金或专项资金保障紧急投入应急救援队、应急医疗队及应急物资驰援灾区,实施人员搜救、医疗救助等紧急救灾工作,承担生命线工程、道路交通工程、基础设施工程等灾后恢复重建工作及对家庭失散、孤寡伤残、生活困难者等的灾后社会救助保障工作。企业、社会组织等社会力量利用自有资金或个人财物开展慈善捐款、志愿服务、技术支持、心理帮扶等救灾工作,承担灾区救灾的后援保障甚至是举国保障工作。前后协同保障模式保证了灾后恢复重建及社会救助根据资金来源进行统分结合的充分性。

六是协同方式灵活性。灾害协同治理体现了政府与社会"平战协同灵活模式",即灾害应对包括灾时应急响应协同模式与平时准备建设协同模式。突发地震巨灾或紧急状态下,政府是应急救灾主体并领导动员社会力量积极参与应急救灾,社会力量的赈灾救灾应在国家法制框架内进行且根据灾情需要由政府统一规范管理及由政府统一发布社会力量结束救灾通告。此后,政府与社会就转入了平时阶段的制度建设、信息交流、宣传教育、培训演练等协同模式。其要求政府进一步加强对灾害的风险识别及治理，也要求社会力量熟悉了解国家制定出台的诸如《慈善法》、《民政部关于支持引导社会力量参与救灾工作的指导意见》及《社会力量参与救灾一线行动指南》等法律法规制度与行动要求，加强自身能力建设，依法规范履行救灾使命。平战协同灵活模式保证了灾害应对方式根据轻重缓急进行统筹兼顾的灵活性。

七是协同效应增值性。灾害协同治理体现了政府与社会"内外协同效应模式"，即灾害预防治理外部溢出性包括内在的经济社会效应与外在的组织形象效应。一方面，政府与社会协同开展灾害预防治理能够减轻其对经济社会的破坏影响，进一步提升全社会防灾减灾救灾能力及齐抓共管协调配合创新能力。另一方面，政府与社会协同开展灾害预防治理能够密切政府部门与社会组织间的交流合作，充分发挥各自制度机制等方面优势作用统筹抵御灾害，通过灾害防治创新途径提升各自的组织形象。内外协同效应模式保证了灾害预防治理根据社会发展需要进行有的放矢的持续性。

3. 协同治理本质

灾害协同治理旨在通过自然灾害应急管理与自然灾害风险治理使政府与社会建立稳定有序的合作关系，增强全社会共同参与防灾减灾救灾的责任意识及服务意识，发展具有中国传统文化特色的举国救灾理念，提升全社会自然灾害防治能力。具体包括五方面内容。

第一，灾害协同治理促进了政府与社会的伙伴关系。协同治理通过改进了的制度安排即政府与社会共同参与灾害管理形成齐抓共管、协同配合的防治局面。为此，政府要加强体制机制改革创新提升自身灾害治理能力，还要支持引导社会力量发挥优势在国家法律制度规范框架内积极参与灾害治理，从而推动政府与社会伙伴关系的延伸拓展。

第二，灾害协同治理增进了政府与社会的包容关系。协同治理通过改进了的协调机制即政府与社会协商参与灾害管理形成统筹兼顾、相得益彰的包容局面。为此，政府通过灾害风险治理与灾害应急管理减轻灾害对群众生命财产的危害，制定以人为本政策措施，落实灾害管理目标，充分协调吸纳社会力量个性化救灾目标并使之配合服务于国家或政府目标。通过民政登记管理与主管业务管理加强对社会组织的规范管理，从而推动政府与社会包容关系的丰富发展。

第三，灾害协同治理加强了政府与社会的信任关系。协同治理通过改进了的合作机制即政府与社会分工合作救灾形成相互配合、协调一致的和谐局面。为此，政府鼓励支持社会力量运用自身优势采取多种方式参与防灾减灾工作，补充政府救灾活动余留的慈善捐助或志愿行动责任，尽最大努力服务于灾区需要成为政府得力助手。并通过形象建设与组织文化建设加强自身能力，从而推动政府与社会信任关系的健康发展。

第四，灾害协同治理理顺了政府与社会的竞争关系。协同治理通过改进了的竞争机制即政府与社会团结协作开展灾害救助形成相互配合、协调一致的合作局面。对此，政府通过救灾预算准备金或先期支付救助金等创新勘灾、核灾、报灾等审批流程，及时解决灾民基本生活及恢复重建问题。在此前提下，社会力量通过适时志愿服务与慈善捐助及时开展灾民心理抚慰及互助帮扶救助工作，社会组织或个人的救助不能干扰影响政府救灾工作或从事其他非法活动等。

第五，灾害协同治理提升了政府与社会的善治关系。协同治理通过改进了的参与机制即政府与社会共同治理灾害事务形成各尽其责、协作双赢的治理局面。为此，政府要明确与社会之间的救灾职责边界，拥有更加开放的视野，对适合于社会开展救灾救助的项目内容积极予以准入或加以鼓励引导，从而推动政府与社会善治关系的有序发展。

二　地震应急协同治理的目标要求

（一）协同治理目标

1. 政治目标

地震灾害协同治理是加强党和政府与人民群众血肉联系，以及牢固树立以人民为中心的发展理念，不断满足人民群众对美好生活向往的需要的具体体现，也是落实国家防灾减灾救灾体制机制改革，发挥社会力量参与应急救援、恢复重建、志愿服务等的积极性，适应新时期经济社会发展需求及人民群众对防震减灾事业期望的现实抓手，其根本就是对中国特色社会主义制度及举国救灾体制优越性的集中反映。

2. 经济目标

地震灾害协同治理是最大限度减轻灾害对经济社会的影响，维护国家经济建设取得的成就和各行各业来之不易的物质文明成果，保持国家经济建设既定方针政策的稳定连续及各项事业繁荣发展的基本任务。协同治理及防震减灾是一项长期艰巨任务。

3. 社会目标

地震灾害协同治理是保障灾后恢复重建及社会稳定，维护灾区生产生活与公共服务运转，保证灾后交通运输、社会治安、环境卫生、生产经营等社会秩序有条不紊的必然要求。完善的灾后救助服务是抗震救灾重要内容，也是构建服务型政府及加强防灾减灾救灾综合能力建设的具体体现。

（二）协同治理要求

1. 理念要求

要正确处理灾害应急管理中政府、社会与市场的伙伴关系，充分树立调动一切积极因素协同参与抗震救灾及恢复重建的理念。同时，企事业单位、社会组织、个人等要发挥自身特长优势及志愿服务精神，积极配合支持政府开展抗震救灾活动。

2. 机制要求

地震灾害协同治理内在上需要国家制定鼓励政府与社会合作救灾的体制机制法制等制度保障，加强政府间、部门间的综合型防震减灾机制常态化建设，建立起统一指挥和协调联动的现代灾害管理体制。善于运用"有形之手"、"无形之手"和"志愿之手"，加强政府与市场间、政府与社会间应急协同机制规范化建设。

3. 行动要求

地震灾害协同治理具体上需要直接或间接参与抗震救灾工作的各行各业民众接受抗震救灾指挥部门领导，落实恢复重建任务。首先，政府工作人员要掌握地震灾害应急流程及部门间或层级间的指挥沟通机制，熟悉灾害事件非常态管理的特殊内容，具有主动适应震后环境的心理素质。其次，社会组织或群众要熟悉地震应急救援及抗震救灾工作法律法规，充分了解地震应急志愿服务或慈善活动的参与途径与内容范围，积极响应和服从党和政府抗震救灾各项部署，具有团结互助精神及社会主义核心价值观。

第四章 青藏高原地震应急管理
政府与社会协同机制

一 政府与社会协同应对地震制度框架

（一）地震应急协同顶层制度

地震应急协同顶层制度是依法指导政府或社会应对各类灾害事件等的防灾减灾救灾事务，规定灾害应急指挥及恢复重建等应急管理，规范志愿服务、慈善捐助及企业社会责任等公益服务，以及保障灾后恢复重建等社会管理方面的全面综合制度规范。它既是指导包括地震在内的各类灾害协同管理的原则性和纲领性制度，也是指导部门或地方具体实施灾害协同管理的基本制度或根本制度。包括灾政法律法规、灾害应急制度、灾害救助制度等内容。

1. 灾政法律法规

即规定政府与社会协同履行防灾减灾救灾职责与灾后秩序管理及减轻消弭灾害对经济社会影响的具有法律效力的规范性文件。

一是宪法。宪法是国家灾害管理的根本法律或总的纲领，既是其他灾害管理法律法规的立法基础和治国安邦的总章程，也是体现社会主义制度优越性及以人为本的防灾减灾救灾服务的最高行为准则，还是政府与社会协同进行灾害管理的根本法律保证，其他任何灾害管理法律法规都必须以宪法为指导或准绳。

二是由国家立法机关经过法定程序制定的具有普遍约束力和强制力的

灾害管理法律。我国大体实行"综合性灾害管理法律"和"专门性灾害管理法律"相结合的法律体系。"综合性灾害管理法律"主要是为应对处置各类灾害事件制定的法律，重点解决不同灾害灾时或紧急状态下的法制服务问题。国内外实行的《突发事件应对法》、《紧急状态法》、《戒严法》及《宵禁法》等都属于此类形式，其主要对"社会动员""紧急征用"等政府与社会协同内容进行了基本规定，但其更多的是为了维护公共利益或社会秩序所实施的管理救济法律。"专门性灾害管理法律"主要是为防范消除特定灾害制定的法律，其重点解决某种特殊灾害综合治理的法制服务问题。例如我国制定的《防震减灾法》、《水土保持法》及《防洪法》等都属于此类形式，其对"地震群测群防""地震救援演练"等政府与社会协同内容进行了原则性规定。因此，灾政法律体系建设是综合性灾害管理法律与专门性灾害管理法律协同统筹推进的完善发展过程。

三是国务院根据宪法和法律由全国人大授权制定的灾害管理行政法规。我国自然灾害多发，国家在灾害管理法律体系基础上还制定了大量灾害管理行政法规以充实灾政管理法制，大体实行了"分类性灾害管理行政法规"和"分级性灾害管理行政法规"相结合的行政法规体系。"分类性灾害管理行政法规"主要是对不同灾害重点需要加强的内容或灾害管理法律的实施的规定，如《地震预报管理条例》《地震监测设施和地震观测环境保护条例》等，其主要对"谣言管理"等政府与社会协同内容进行了规定。"分级性灾害管理行政法规"主要是对不同灾害应急处置工作的规定，如《破坏性地震应急条例》《突发公共卫生事件应急条例》等，其主要对"紧急疏散"等政府与社会协同内容进行了规定。因此，灾政行政法规体系建设是分类性灾害管理行政法规与分级性灾害管理行政法规协同统筹推进的完善发展过程。

四是地方立法机关根据本地区实际情况制定的灾害管理地方性法规。它是根据地方行政区域的具体情况，在不与宪法、法律和行政法规相抵触前提下制定的适用于本行政区域特殊灾害管理的行政法规。我国大体实行"服务性灾害管理地方性法规"和"指令性灾害管理地方性法规"相结合的地方性法规体系。"服务性灾害管理地方性法规"主要是为服务地方经济社会发展制定的技术性防灾减灾法规，如《青海省地震安全性评价管理条例》对"咨询服务"等政府与社会协同内容进行了规定。"指令性灾害管理地方性法规"主要是对灾害紧急特殊时期制定的义务导向的灾害管理法规，其主要对"紧急避险"等政府与社会协同内容进行了规定。因此，灾政地方性法规体系建设是服务性灾害管理地方性法规和指令性灾害管理地方性法规协同统筹推进的完善发展过程。

五是国务院各部委及地方政府制定的灾害管理行政规章。它是在灾害管理法律法规基础上制定的具体实施某项灾害管理法律的规章制度。我国大体实行"常规性灾害管理行政规章"和"临时性灾害管理行政规章"相结合的行政规章体系。"常规性灾害管理行政规章"主要是对灾害某一特定管理内容的一般性规定，如《震后地震趋势判定公告规定》《中国地震烈度区划图使用规定》等，其主要对"震后公告"等政府与社会协同内容进行了规定。"临时性灾害管理行政规章"主要是对灾害某一紧急管理内容的临时性规定，其主要对"震后交通管制"等政府与社会协同内容进行了规定。因此，灾政行政规章体系建设是常规性灾害管理行政规章与临时性灾害管理行政规章协同统筹推进的完善发展过程。

六是与国际组织缔结签订的国际防灾减灾协议战略文件。它是中国政府与联合国组织机构或其他国家为减轻灾害风险、加强可持续发展及开展防灾减灾人道主义救援等共同签订的行动战略，以及为此行动战略制定的制度规划。它也是中国政府积极参与国际防灾减灾事务，以负责任大国态度自觉履行防灾减灾责任，推动人类命运共同体建设的表现。

2. 灾害应急制度

即规定政府与社会协同响应及紧急应对灾害事件以减轻其影响并保证灾区社会秩序的规范性文件。

一是灾害应急预案。它是根据灾害的性质影响及紧急程度由管理主体部门制定的常态性灾害管理制度，主要包括灾害应急总体预案、灾害应急专项预案、灾害应急部门预案、灾害应急企事业单位预案等类型，目前大体形成"全面参与性灾害应急预案"和"专项参与性灾害应急预案"相结合的灾害应急预案体系。"全面参与性灾害应急预案"是指政府多个部门共同参与应对灾害事件时制定的预案制度，其主要对"社会动员"等政府与社会协同内容进行了规定。"专项参与性灾害应急预案"是指政府专业部门或职能部门专门应对灾害事件时制定的预案制度，其主要对"志愿捐赠"等政府与社会协同内容进行了规定。因此，灾害应急预案体系建设是全面参与性灾害应急预案与专项参与性灾害应急预案协同统筹推进的完善发展过程。

二是灾害应急临时管理制度。它是根据灾害应急救援和恢复重建需要由政府部门制定的临时性灾害管理制度，主要包括通知、通告、会议文件等类型，目前大体形成"服务性灾害应急临时管理制度"和"管制性灾害应急临时管理制度"相结合的灾害应急临时制度体系。"服务性灾害应急临时管理制度"是指政府部门为保障灾后生产生活秩序及公众基本需要制定的公共服务临时管理制度，其主要对"信息咨询"等政府与社会协同内容进行了规定。"管制性灾害应急临时管理制度"是指政府部门为保障灾后应急救援及恢复重建工作有序开展制定的约束性临时管理制度。因此，灾害应急临时管理制度建设是服务性灾害应急临时管理制度与管制性灾害应急临时管理制度协同统筹推进的完善发展过程。

3. 灾害救助制度

即规定政府与社会协同应对灾害影响及保障灾民生产生活与基本公共服务等的规范性文件。

一是灾害生活救助。它是政府部门根据灾情制定的基础性灾害救助制度，主要包括法律、行政法规、行政规章、通知通告、专项预案等类型，大体形成了"应急性灾害生活救助"与"保障性灾害生活救助"相结合的灾害生活救助体系。"应急性灾害生活救助"是根据灾害危害程度针对灾民及其家庭救灾制定的紧急救助制度，其主要对"社会互助"等政府与社会协同内容进行了规定。"保障性灾害生活救助"是针对受灾群众或家庭进行灾后恢复或持续健康发展制定的长期保障救助制度，其主要对"公益服务"等政府与社会协同内容进行了规定。因此，灾害生活救助制度建设是应急性灾害生活救助与保障性灾害生活救助协同统筹推进的完善发展过程。

二是灾害基本公共服务救助。它是灾后为对灾民及其家庭进行生活救助及心理救助、医疗救助、教育救助与就业救助等而制定的发展性灾害救助制度，主要包括法律、行政法规、行政规章、通知通告等类型，大体形成了"阶段性灾害服务救助"和"持续性灾害服务救助"相结合的灾害服务救助体系。"阶段性灾害服务救助"是针对灾民及其家庭身心康复与信心重振等方面的灾害服务救助制度，其主要对"心理援助"等政府与社会协同内容进行了规定。"持续性灾害服务救助"是针对灾民及其家庭长期发展与韧性建设等方面的灾害服务救助制度，其主要对"慈善捐助"等政府与社会协同内容进行了规定。因此，灾害基本公共服务救助制度建设是阶段性灾害服务救助与持续性灾害服务救助协同统筹推进的完善发展过程。

（二）地震应急协同专项制度

地震应急协同专项制度是依法指导政府与社会应对各类灾害事件等的防灾减灾救灾事务，规定灾害应急组织形式、参与流程、协调途径及活动范围等协同内容，规范个人、组织及企业等的协同方式，以及支持鼓励社会参与灾后救援等协同政策的专门系统制度规范。它既是指导政府领导指挥社会进行灾害应急协同的系统性和规范性制度，也是指导个人、社会组织及企业具体参与灾害应急协同工作的操作性制度或专门性制度。其包括灾害应急协同组织制度、灾害应急协同流程制度、灾害应急协同标准制度与灾害应急协同征用制度等内容。

1. 灾害应急协同组织制度

即规定政府与社会协同应对灾害的权责隶属及对人财物等资源进行组织整合以使多主体合作救灾统筹指挥步骤化的规范性文件。其内容包括多主体救灾的界定及分工形式、多主体救灾的阶段过程及参与次序、多主体救灾的指挥领导及权责属性、多主体救灾的监督机制及任务结束等方面。其制度安排在灾害应急中承担着整合、协调和统筹等功能。整合功能意在充分调动各救灾主体积极性并形成资源利用上的凝聚辐射作用，协调功能意在充分发挥各救灾主体责任性并形成价值理念上的认同合作作用，统筹功能意在充分运用各救灾主体自觉性并形成运行结构上的科学有序作用。同时，其制度逻辑在灾害应急中具有指挥性和监督性特点。

2. 灾害应急协同流程制度

即规定政府与社会应对灾害的操作规程及对灾情时间节点等进行衔接

组合以使多主体合作救灾参与路径程序化的规范性文件。其内容包括多主体救灾的启动及前后顺序、多主体救灾的任务规范及信息沟通、多主体救灾的时间进程及职能目标、多主体救灾的保障机制及任务结束等方面。其制度安排在灾害应急中承担着响应、衔接和沟通等功能。响应功能意指各救灾主体由常态转入非常态时及时应变，衔接功能意指各救灾主体由各自行为状态转入集体行为状态时及时有序，沟通功能意指各救灾主体由信息混沌状态转入信息清晰状态时及时准确。同时，其制度逻辑在灾害应急中具有程序性和操作性特点。

3. 灾害应急协同标准制度

即规定政府与社会应对灾害的质量规程及对灾情救援处置等行为进行知识认定以使多主体合作救灾参与质量标准化的规范性文件。其内容包括多主体救灾的装备标准及标识信息、多主体救灾的搜救标准及活动范围、多主体救灾的岗位标准及支撑条件、多主体救灾的认证机制及任务结束等方面。其制度安排在灾害应急中承担着指示、教育和保障等功能。指示功能意指各救灾主体的搜救行为须符合国家或地方的质量标准，教育功能意指各救灾主体的救灾行为是不断学习锻炼的过程，保障功能意指各救灾主体的参与条件需要相应的装备技术为基础。同时，其制度逻辑在灾害应急中具有科技性和指向性特点。

4. 灾害应急协同征用制度

即指紧急状态期间为减轻灾害影响依法对个人、集体或企业等给予补偿的规范性文件①。灾害应急征用既是国家或政府为了满足公共利益的需要通过法定程序行使紧急行政权力的特殊制度，也是对个人、集体或企业承担基本义务或主动接受征用等的管理方式②。其内容包括应急征用的前提条件及法定程序、应急征用的内容及方式、应急征用的补偿及标准、应急征用的法律救济及监督机制等方面。其制度安排在灾害应急中承担着责任、监督和救济等功能。责任功能意指应急征用的任何参与方都以服务于

---

① 马怀德编《应急反应的法学思考——"非典"法律问题研究》，中国政法大学出版社，2004。

② 莫纪宏编著《"非典"时期的非常法治——中国灾害法与紧急状态法一瞥》，法律出版社，2003。

公共利益为根本出发点，监督功能意指应急征用必须是遵循法定程序的正式行为方式，救济功能意指应急征用对个人、集体或企业等的补偿纠纷具有调解保障作用。同时，其制度逻辑在灾害应急中具有强制性和救济性特点。

（三）地震应急协同部门制度

地震应急协同部门制度是依法指导政府与社会应对各类灾害事件或紧急状态等的防灾减灾救灾事务，规定灾害应急联动形式、信息沟通、人员交流及条块结合等的协同内容，制定部门间、上下级间和人员间的协同方式，以及调动基层组织联系群众开展救灾等协同服务活动的协调沟通制度规范。它既是指导政府部门进行灾害应急协同的联动性和沟通性制度，也是指导社区、乡村联系群众参与灾害应急协同的联系制度或指导制度。其包括灾害应急协同联动制度、灾害应急协同沟通制度、灾害应急协同服务购买制度等内容。

1. 灾害应急协同联动制度

即规定政府与社会应对灾害的响应及对灾情紧急处置等进行全面参与的规范性文件。其内容包括多主体救灾的联动条件及前提准备、多主体救灾的联动内容及指挥方式、多主体救灾的联动形式及阶段任务、联动救灾的动员机制及相关内容等方面。其制度安排在灾害应急中承担着整合、统筹和动员等功能。整合功能意指各救灾主体从部门状态转入联动状态的紧急集合作用，统筹功能意指各救灾主体从平时状态转入灾时状态的组织指挥作用，动员功能意指各救灾主体从分散状态转入集体状态的统一行动作用。同时，其制度逻辑在灾害应急中具有集约性和组织性特点。

2. 灾害应急协同沟通制度

即规定政府与社会应对灾害的信息交流及对灾情动态进展等进行及时反馈的规范性文件。其内容包括多主体救灾的沟通途径及保障前提、多主体救灾的沟通内容及网络形式、多主体救灾的沟通程序及特殊要求、救灾沟通的反馈机制及相关内容等方面。其制度安排在灾害应急中承担着协调、保障和反馈等功能。协调功能意指各救灾主体从单向沟通转入网络沟通的复杂分析作用，保障功能意指各救灾主体从一般沟通转入特殊沟通的资源整合作用，反馈功能意指各救灾主体从日常沟通转入紧急沟通的动态追踪作用。同时，其制度逻辑在灾害应急中具有网络性和追踪性特点。

3. 灾害应急协同服务购买制度

即规定政府通过市场合同形式向企事业单位或专业救灾社会组织购买灾害应急服务及特殊产品以形成多主体合作救灾供给多样化的规范性文件。其内容包括灾害应急服务购买内容及范围、灾害应急服务购买方式及标准厘定、灾害应急服务绩效评价及激励、灾害应急服务购买监督机制及相关内容等方面。其制度安排在灾害应急中承担着合作、补充和激励等功能。合作功能意指应急救灾从单一供给转向多样供给的供给侧结构作用，补充功能意指应急救灾从基本服务转向基本服务与购买服务相结合的政企合作作用，激励功能意指应急救灾从传统评价服务转向绩效评价服务的需求导向作用。同时，其制度逻辑在灾害应急中具有市场性和合作性特点。

（四）地震应急协同地方性制度

地震应急协同地方性制度是依法指导政府与社会应对各类灾害事件或紧急状态等的防灾减灾救灾事务，规定灾害应急秩序处置、行为规范、物资发放及人员安置等的协同内容，以及支持灾后对口支援等协同政策的秩序管理制度规范。它既是指导地方政府进行灾后社会管理的地方性或特殊性制度，也是指导志愿组织及企事业单位参与灾害应急协同的指令制度或监督制度。其包括灾害应急协同社会管理制度、灾害应急协同志愿管理制度、灾害应急协同物资管理制度等内容。

1. 灾害应急协同社会管理制度

即规定政府与社会应对社会秩序及违法行为等进行疏导的规范性文件。它分为单项内容规范文件与综合内容规范文件，大体包括规范的内容及范围、规范的时限及要求、规范的实施主体及职责、规范的通报机制及相关内容等方面。其制度安排在灾害应急中承担着疏导、纠偏和支持等功能。疏导功能意指对进出灾区的车辆、人员、物资等的疏通导向及其配合作用，纠偏功能意指对紧急救灾时期社会行为规范的教育引导及其预防作用，支持功能意指灾后秩序管理是保证应急救援和恢复重建顺利进行的前提基础。同时，其制度逻辑在灾害应急中具有预防性和保障性特点。

2. 灾害应急协同志愿管理制度

即规定政府与社会应对志愿工作组织纪律等进行引导的规范性文件。它包括社会组织的登记管理、业务管理与慈善管理等内容。登记管理是对基金会、社会团体、社会服务机构等的名称住所、业务范围、活动区域及党建工作等法人资格进行的审核管理，业务管理是对其开展日常活动的业务资格进行的专业管理①，慈善管理是对自然人、法人和其他组织开展慈善活动进行的依法管理②。其制度安排在灾害应急中承担着指导、预防和服务等功能。指导功能意指政府对社会组织参与救灾活动的内容范围等的准入审核及规范作用，预防功能意指社会组织救灾活动必须是在法制框架内开展的行为准则及他律作用，服务功能意指社会组织救灾活动从临时动员转入制度动员的规范有序作用。同时，其制度逻辑在灾害应急中具有示范性和溢出性特点。

3. 灾害应急协同物资管理制度

即规定政府与社会应对救灾物资运送发放服务等进行引导的规范性文件。它包括救灾物资的储备管理、运输管理与发放管理等内容。储备管理是对紧急保障灾民生活的各类物资的代储管理和直接管理，运输管理是对跨地区或跨部门向灾区运送各类救灾物资的通行管理和服务管理，发放管理是对向灾区特殊现场或灾民安置点提供救灾物资的运送管理和现场管理。其制度安排在灾害应急中承担着规划、统筹和支援等功能。规划功能意指对中央和地方救灾物资的科学存放及其保障，统筹功能意指对各类救灾物资的灾时紧急调拨及其利用，支援功能意指特殊紧缺物资或非灾区储

---

① 新修订的《社会组织登记管理条例》规定社会组织包括社会团体、基金会、社会服务机构，该条例第七、八条规定了社会组织的登记管理机关和业务主管单位。详细内容参见《社会组织登记管理条例》，中国政府网，http://www.gov.cn./zhengce/2020 – 12/26/content_ 5574295. htm，最后访问日期：2023 年 2 月 27 日。

② 2016 年 3 月 16 日第十二届全国人民代表大会第四次会议审议通过了《中华人民共和国慈善法》，其内容共计 12 章 112 条，其中规定"自然人、法人和其他组织开展慈善活动以及与慈善有关的活动，适用本法"。详细内容参见《中华人民共和国慈善法》，中国政府网，http://www.gov.cn/zhengce/2016 – 03/19/content_ 5555467. htm，最后访问日期：2019 年 9 月 26 日。

备物资方面的支持援助。同时，其制度逻辑在灾害应急中具有保障性和持续性特点。

二　政府与社会协同应对地震组织架构

协同应对地震组织架构是建立在科层制统一指挥与扁平化跨界合作基础上以灾情为导向的、平战结合的、立体化的特殊架构形式。它是根据灾情需要把政府部门按其职能性质进行紧急组合并与其他组织有机统筹的适用于地震灾害的弹性化组织结构形式，也是将不同组织系统、不同组织职能及不同组织角色从常态管理转入应急管理的协同组织结构。其内容包括层级间的协同结构、部门间的协同结构及社会参与的协同结构等多维组合模式（见图4-1）。

（一）层级间的协同结构

层级间的协同结构是指各级政府根据灾情需要而依法设定的自下而上与自上而下相结合的应急响应结构。它包括中央政府与地方政府间的协同结构、地方政府间的协同结构、地方政府层级间的协同结构等内容。

1. 中央政府与地方政府间的协同结构

即规定中央政府与地方政府的灾害应急响应职能。它包括响应职能协同、响应管辖协同、响应指挥协同等内容。响应职能协同是中央政府统一领导地方政府实施灾害应急管理前提下根据灾情程度由中央与地方进行的分级应急响应，响应管辖协同是特别重大地震等灾害发生时中央政府根据地方政府的建议启动响应或必要时直接启动响应以及中央政府根据地方政府的请求进行的协调应急响应，响应指挥协同是针对特别重大地震等灾害发生时国务院抗震救灾指挥机构在地震灾区成立现场指挥部与省级抗震救灾指挥机构进行的共同应急响应。其协同结构大体表现为递进式、协助式和混合式等形式。递进式意指各级政府根据灾情大小由低到高逐级进行的应急响应，协助式意指各级政府根据灾情急缓自上而下协助进行的应急响应，混合式意指各级政府根据灾情危害交错互补进行的应急响应。同时，其协同逻辑在灾害应急中具有规范性和保障性特点。

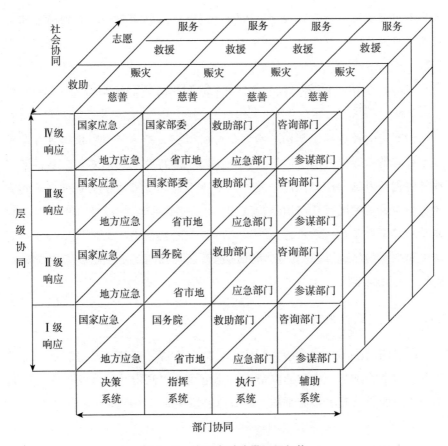

图 4 - 1 协同应对地震组织架构

2. 地方政府间的协同结构

即规定区域内地方政府间的灾害应急联动及合作支援关系的应急协同模式。它包括联动内容协同、联动方式协同、联动资源协同等内容。联动内容协同是根据区域应急合作协议或灾情紧急程度由其他地方对受灾地方进行的专项救灾协助或综合救灾协助，联动方式协同是根据灾区需要由区域内其他地方对受灾地方进行的现场救援或非现场救援，联动资源协同是根据灾情影响由区域内其他地方对受灾地方进行的科技支援或人财物支援。其协同结构大体表现为互补式、强化式和组合式等形式。互补式意指区域内地方政府间发挥各自优势进行应急救灾互通有无及经验支持的联动形式，强化式意指区域内地方政府间通过比邻效应进行应急救援资源支持及政府间合作的联动形式，组合式意指区域内地方政府间通过灾前防范与灾时应对综合效应进行平战结合的联动形式。同时，其协同逻辑在灾害应急中具有区域性和支持性特点。

3. 地方政府层级间的协同结构

即规定地方政府辖区内各层级间的灾害应急组织系统及属地任务关系的应急协同模式。它包括组织目标协同、组织指挥协同、组织人员协同等内容。组织目标协同是根据救援任务轻重缓急由上级与下级进行的分工应急响应，组织指挥协同是根据救援任务主次先后由上级与下级进行的分区应急响应，组织人员协同是根据救援任务难度大小由上级与下级进行的分步应急响应。其协同结构大体表现为并列式、统筹式和弹性式等形式。并列式意指地方政府层级间各司其职及相互配合的组织形式，统筹式意指地方政府层级间通过属地指挥系统灵活施策及综合救援的组织形式，弹性式意指地方政府层级间根据灾情形势进行动态响应及信息跟踪的组织形式。同时，其协同逻辑在灾害应急中具有执行性和灵活性特点。

（二）部门间的协同结构

部门间的协同结构是指政府各部门根据灾情级别依法设定的部门间的应急响应关系。它包括同级政府部门间的协同结构与同类部门不同级间的协同结构。

1. 同级政府部门间的协同结构

即规定同级政府不同部门间的灾害应急分工系统及职能扁平化的应急协同模式。它包括响应职能协同、救助职能协同、恢复职能协同等内容。响应职能协同是根据灾害属性及其分级内容在各部门间形成的决策、指挥、执行和辅助等分职能应急响应，救助职能协同是根据灾害程度及其分级内容在各部门间形成的认定、启动、领导和实施等分职能应急救助，恢复职能协同是根据灾害影响及其分级内容在各部门间形成的救援、安置、支援和重建等分职能应急恢复。其协同结构大体表现为队列式、叠加式和跨界式等形式。队列式意指各部门间应急救灾综合响应及组合分工的应急职能，叠加式意指各部门间应急救灾层级响应与综合响应相结合及条块分工的应急职能，跨界式意指各部门间应急救灾对口支援与专业救助及特殊分工的应急职能。同时，其协同逻辑在灾害应急中具有综合性和扁平性特点。

2. 同类部门不同级间的协同结构

即规定同类政府部门在不同层级间的灾害应急分工系统及职能专业化的应急协同模式。它包括监测职能协同、预警职能协同、处置职能协同和治理职能协同等内容。监测职能协同是根据灾害因子及其形成过程在同类部门间形成的观测、记录、分析和研判等分职责应急响应，预警职能协同是根据灾害紧急程度在同类部门间形成的报告、核实、会商和发布等分职责应急响应，处置职能协同是根据灾害事态形势在同类部门间形成的准备、响应、救援和恢复等分职责应急响应，治理职能协同是根据灾害后果及其适应能力在同类部门间形成的勘察、反馈、保障与防范等分职责应急响应。其协同结构大体表现为直线式、联合式和复合式等形式。直线式意指同类部门间应急救灾专业响应及层级分工的应急职能，联合式意指同类部门间应急救灾地方响应与专业响应相结合及双重分工的应急职能，复合式意指同类部门间应急救灾日常响应与应急响应相结合及平战分工的应急职能。同时，其协同逻辑在灾害应急中具有专业性和监督性特点。

（三）社会参与的协同结构

社会参与的协同结构是指企事业单位和社会组织根据灾情形势或损失程度而依法设定的慈善救助与志愿服务等应急响应内容及应急参与关系。它包括企事业单位的协同结构和社会组织的协同结构等内容。

1. 企事业单位的协同结构

即规定各类企事业单位的灾害应急参与方式及组织规范化的应急协同模式。它包括赈灾供给协同、专业救助协同、重建支援协同等内容。赈灾供给协同是根据灾区救援需要由企业运用市场资源配置机制及组织网络效应承担紧急救灾物资和基本生活物资等生产供给的救灾社会责任，专业救助协同是根据灾区伤病状况由医疗单位运用专业技术资源及人才储备效应承担紧急伤病医治和疫情防控等救助服务的救灾人道责任，重建支援协同是根据灾区建筑物损毁程度由企事业单位通过对口支援及专项帮扶机制承担紧急生命线恢复和灾后重建等支援保障的救灾动员责任。其协同结构大体表现为协助式、专项式和集中式等形式。协助式意指企事业单位通过市场机制协助政府进行应急救援响应及生产供给的应急方式，专项式意指企事业单位通过志愿机制协助政府进行应急救助响应及专业服务的应急方式，集中式意指企事业单位通过帮扶机制协助政府进行应急支援响应及恢复重建的应急方式。同时，其协同逻辑在灾害应急中具有支持性和阶段性特点。

2. 社会组织的协同结构

即规定社会团体、基金会和社会服务机构等的灾害应急参与方式及组织规范化的应急协同模式。它包括慈善捐助协同、志愿服务协同、信息交流协同等内容。慈善捐助协同是根据灾害破坏程度由自然人或法人等通过财物捐赠活动承担灾害救助公益赈济职责的救灾道义行为；志愿服务协同是根据灾害紧急程度由组织或团体等通过救援服务活动承担灾害救助扶危济困职责的救灾体恤行为；信息交流协同是灾害应对重建期间任何组织和个人必须依法遵守灾害伤亡及救援信息发布纪律，抵制反对网络谣言及不良信息，协助政府保证各项救灾工作的顺利开展。其协同结构大体表现为多样式、团队式和辅助式等形式。多样式意指社会组织通过慈善捐赠机制进行救灾公益响应及灵活组织的参与方式，团队式意指社会组织通过民间自发机制进行救灾服务响应及经验救援的参与方式，辅助式意指社会组织通过临时激励机制进行救灾动员响应及协助政府的参与方式。同时，其协同逻辑在灾害应急中具有公益性和服务性特点。

三　政府与社会协同应对地震信息沟通

协同应对地震信息沟通是对灾情信息进行分析、研判和交流并及时预警或传递信息的综合管理活动。它是建立在现代传媒基础上以灾害事件为导向的、专兼结合的信息沟通形式。从其信息流的过程来看，主要包括灾害风险信息沟通、灾害应急信息沟通和灾后恢复信息沟通等内容。

（一）灾害风险信息沟通

灾害风险信息沟通是指政府根据灾害影响而依法或通过正式途径向社会发布灾害活动趋势及风险规避警示。它包括灾害风险区划信息、灾害风险预警信息、灾害风险感知信息等内容。

1. 灾害风险区划信息

即判断全国范围或地区范围一定周期内的地震活动趋势及国土利用、抗震设防的风险警示形式。它包括地震烈度区划、地震动参数区划、地震安全性评价等内容。地震烈度区划是由国家制定的一般场地条件下可能遭遇震害烈度风险的常规工业建筑和民用建筑地震设防标准及震害防御信息，地震动参数区划是国家制定的全国城镇Ⅱ类场地条件下常规建设工程以地震动峰值加速度和地震动加速度反应谱特征周期等地震动参数为指标的抗震设防标准及震害防御信息，地震安全性评价是由国家做出的重大建设工程、可能发生严重次生灾害的建设工程和其他建设工程场地的地震动参数或地震烈度的震害预测及安全评价信息。其风险沟通承担着预测、规避和设防等功能。预测功能意指地震风险警示是各地各部门经济社会建设发展不可或缺的科技资源，规避功能意指地震风险警示是人类合理利用国土资源进行生产生活必不可少的经济资源，设防功能意指地震风险警示是国家制定各类建设工程防震抗震强制标准的制度资源。同时，其协同逻辑在灾害风险沟通中具有规范性和指导性特点。

2. 灾害风险预警信息

即制定全国范围或地区范围内发生地震后地震波初期信息快速估计参数及震波到达时间和强度以采取紧急避险防减损失的风险警示形式。它包括地震烈度速报、地震合作预警、地震专项预警等内容。地震烈度速报是由国家地震部门在地震发生后利用台站震情数据测算其对不同地区的破坏程度以对政府开展应急救援提供信息服务的预警方式，地震合作预警是国家地震部门与企事业单位合作研发的利用轨道、基站或光缆等设施资源优势来感应传输地震数据以协助地震台网进行监测预警的服务方式，地震专项预警是国家地震部门或相关机构为矿山、核电站和危化品存输等特种工程设施研发的专用于防范地震灾害的预警服务。其风险沟通承担着及时、准确和高效等功能。及时功能意指地震预警服务能够对震区人员紧急疏散或工程设施保障等提供有利时机，准确功能意指地震预警服务能够对震害损失估计及应急防范措施等提供可靠依据，高效功能意指地震预警服务通过专兼合作多种形式对震情收集及信息处理等提供科技支撑。同时，其协同逻辑在灾害风险沟通中具有时效性和服务性特点。

3. 灾害风险感知信息

即判断全国范围或地区范围内民众或社区对地震灾害的适应程度及防震抗灾自救的风险警示形式。它包括地震风险科普、地震避险认知、地震应急演练等内容。地震风险科普是对地震现象及其形成演化知识进行普及的风险感知形式，地震避险认知是对地震发生后个人或集体的紧急逃生、自救和呼救等的风险感知形式，地震应急演练是震前对民众或集体面临突发地震时紧急响应操作等的风险感知形式。其风险沟通承担着教育、模拟和传承等功能。教育功能意指政府或社会在各行各业进行地震灾害及紧急避险知识的宣传培训，模拟功能意指对个人或集体震时紧急响应培训学习的经验借鉴，传承功能意指通过家庭或社区等形成对地震灾害及其风险适应的集体记忆。同时，其协同逻辑在灾害风险沟通中具有持续性和互动性特点。

（二）灾害应急信息沟通

灾害应急信息沟通是指政府根据灾害事态或紧急程度而依法或通过正式途径向社会发布应急救灾处置措施。它包括灾害应急响应信息、灾害应急救援信息、灾害应急安置信息等内容。

1. 灾害应急响应信息

即根据灾害事态由政府部门紧急研判灾情及启动预案转入灾时职能的紧情跟踪形式。它包括地震损失信息、地震预案启动信息、震情核查信息等内容。地震损失信息是地震对民众人身财产及灾区经济社会的破坏影响进行核实通报的信息响应，地震预案启动信息是政府部门在接收到灾情信息后第一时间实施紧急救灾方案并进行及时发布的信息响应，震情核查信息是对特别重大灾害发生时需要实施国家应急响应或者边远地区震情信息不确定情况下由国家领导人或专家团队进行现场核查的信息响应。其应急沟通承担着权威、公开和协调等功能。权威功能意指地震灾害伤亡损失数据必须以政府统计核实的权威信息为标准，公开功能意指凡是涉及地震灾情的信息都是建立在法律法规规定或有助于应急救灾基础上，协调功能意指地震灾情信息是协调政府部门和社会组织开展各项应急救灾工作或进行灾害救援救助的关键纽带。同时，其协同逻辑在灾害应急沟通中具有主导性和实时性特点。

2. 灾害应急救援信息

即根据灾害程度由政府部门或部队采取紧急措施进入灾区抢险救援及履行灾害初期职能的紧情跟踪形式。它包括地震灾区环境信息、地震灾区抢险救援信息、地震灾区救援反馈信息等内容。地震灾区环境信息是救援部门或救援人员对地震灾区的自然条件、社会环境及经济发展等基本情况进行知情通报的信息响应，地震灾区抢险救援信息是救援部门或救援人员对人员搜救、伤病救护、疏散灾民和废墟清理等一系列现场救援进行实况通报的信息响应，地震灾区救援反馈信息是救援部门或救援人员对灾区救援方案及救援进展等抢险救灾阶段性部署进行反馈通报的信息响应。其应急沟通承担着专业、有序和导向等功能。专业功能意指地震救援信息需要一定技术装备或由专业团队开展实施的科学响应作用，有序功能意指地震救援信息是建立在时间逻辑顺序及事态进展基础上的持续传递作用，导向功能意指地震救援信息对其他企事业单位、社会组织或个人等依照政府应急救援信息实施志愿救援或社会救援的指导参与作用。同时，其协同逻辑在灾害应急沟通中具有综合性和动态性特点。

3. 灾害应急安置信息

即根据灾害影响由政府部门实施紧急抗灾救助政策及保障灾民震后基本生活的紧情跟踪形式。它包括灾时紧急生活救助信息、灾时紧急伤病救助信息、灾时临时庇护救助信息等内容。灾时紧急生活救助信息是各级政府对灾民震后饮食饮水避寒等生活物资救助及款项补助进行政策支撑的信息响应，灾时紧急伤病救助信息是各级政府对震后伤残等医疗救助进行的医疗服务信息响应，灾时临时庇护救助信息是各级政府对灾民震后居住避险等庇护救助进行过渡安置的信息响应。其应急沟通承担着赈济、慰藉和稳定等功能。赈济功能意指震后安置信息集中体现了党和国家抚慰灾区群众助其尽快渡过难关的政策保障作用，慰藉功能意指震后安置信息对灾区群众及其家庭和社会关系等共同树立抗震救灾必胜信心的心理保障作用，稳定功能意指震后安置信息对灾区各项救援工作顺利开展及防范各种不良因素干扰影响以维护灾区社会稳定的政治保障作用。同时，其协同逻辑在灾害应急沟通中具有政策性和过渡性特点。

（三）灾后恢复信息沟通

灾后恢复信息沟通是指政府根据灾害规模及程度而依法或通过正式途径向社会发布灾害损失及灾后恢复重建措施。它包括灾后重建规划信息、灾后重建支援信息、灾后社会秩序恢复信息等内容。

1. 灾后重建规划信息

即根据灾害事态由政府部门采取紧急措施对灾区经济社会承载功能及宜居保障等进行国土空间优化布局的渡灾反馈形式。它包括灾后基础功能规划信息、灾后发展功能规划信息、灾后防灾减灾功能规划信息等内容。灾后基础功能规划信息是中央与地方根据灾区自然地质环境灵活通过原址安置或异地安置方式对灾区民生事务及生命线保障等进行科学规划的信息响应，灾后发展功能规划信息是中央与地方根据灾区人文区位环境通过城乡布局和产业布局方式对灾区经济社会及跨越式发展等进行系统规划的信息响应，灾后防灾减灾功能规划信息是中央与地方根据灾区综合承载环境通过工程措施和非工程措施对灾区防震减灾事务等进行防治规划的信息响应。其恢复沟通承担着统筹、指导和优化等功能。统筹功能意指灾后重建规划信息承担着中央与地方对灾区经济社会恢复发展及国土集约化利用的总体部署作用，指导功能意指灾后重建规划信息承担着中央与地方对灾时应急安置与灾后可持续发展相结合的指挥决策作用，优化功能意指灾后重建规划信息承担着对灾区人口、土地和生态等空间布局的科学承载作用。同时，其协同逻辑在灾后恢复沟通中具有顶层性和长远性特点。

2. 灾后重建支援信息

即根据灾害危害由中央或其他地区对灾区震后生命线工程运转保障及生产生活基础设施等进行人财物综合援助的渡灾反馈形式。它包括灾后重建政策援助信息、灾后重建项目援助信息、灾后重建技术援助信息等内容。灾后重建政策援助信息是中央与地方紧急制定出台灾民救济救助指导性文件或临时性文件以减轻灾民损失影响等的制度救援信息响应，灾后重建项目援助信息是通过政府间或政社间的合作形式实施灾民与灾区生命线工程或基础设施工程以保障灾民生产生活等的工程救援信息响应，灾后重建技术援助信息是通过地区间、部门间或行业间的合作形式实施紧急救援搜寻或紧急医疗以减轻灾民伤亡损失等的特种救援信息响应。其恢复沟通承担着引导、保障和协助等功能。引导功能意指灾后重建支援信息集中体现了党和国家通过政策工具及措施对灾民进行国家救济的组织表率作用，保障功能意指灾后重建支援信息体现了企事业单位和社会组织通过项目援助形式对灾区进行社会救济的帮扶支持作用，协助功能意指灾后重建支援信息体现了地区与行业通过技术援助形式对灾区进行专业救济的资源互补作用。同时，其协同逻辑在灾后恢复沟通中具有政策性和综合性特点。

3. 灾后社会秩序恢复信息

即根据灾害状态由政府部门结合初期紧急救援需要及时对灾区政治、经济和社会等公共服务及制度规范等进行有序调整的渡灾反馈形式。它包括灾后公共服务恢复信息、灾后生产生活恢复信息、灾后心理恢复信息等内容。灾后公共服务恢复信息是政府对灾区的社会治安、道路交通、环境卫生、市政服务等进行政府功能恢复的信息响应，灾后生产生活恢复信息是政府对灾民衣食住行和灾区企事业单位生产工作等进行经济功能恢复的信息响应，灾后心理恢复信息是政府或社会对灾民心理创伤等进行社会功能恢复的信息响应。其恢复沟通承担着疏导、服务和适应等功能。疏导功能意指灾后社会秩序恢复信息承担着非常态下政府对灾区进行规范管理的及时供给职能，服务功能意指灾后社会秩序恢复信息承担着政府对灾区各项事务转入正常轨道进行任务管理的基础保障职能，适应功能意指灾后社会秩序恢复信息承担着政府或社会对灾民进行心理援助使他们尽快摆脱伤痛步入常态生产生活的主观能动职能。同时，其协同逻辑在灾后恢复沟通中具有服务性和规范性特点。

四 政府与社会协同应对地震紧急决策

协同应对地震紧急决策是各级抗震救灾指挥机构采取有效措施处置地震灾害的决定及会商活动。它是建立在复杂及不确定信息基础上以灾情节点为导向的、时空结合的决策形式，从事态进程窗口期及抗震救灾阶段性任务要求来看，主要包括灾害初期决策、灾害应急决策和灾害追踪决策等内容。

（一）灾害初期决策

灾害初期决策是指在破坏性地震发生瞬间灾情信息不确定或因自然环境等约束需要核实灾情损失的缓冲阶段由政府救灾部门做出先行处置决定及震情混沌研判的机制。它包括灾害初期现场决策、灾害初期会商决策、灾害初期特殊决策等内容。

1. 灾害初期现场决策

即指根据震害破坏情况实地视察研判后对地方或基层先期重点抗震救灾工作进行前方指导部署的决策形式。它包括灾害初期抢险救灾部署、灾害初期伤病救助部署、灾害初期综合协调部署等内容。灾害初期抢险救灾部署是对震害极重灾区或房屋震毁被压埋灾民进行搜寻抢救的紧急措施，灾害初期伤病救助部署是对伤残伤病灾民进行医治救护的紧急措施，灾害初期综合协调部署是对政府各部门紧急驰援灾区抗震救灾进行组织指挥的紧急措施。其决策部署承担着前瞻、及时和对冲等功能。前瞻功能意指初期现场决策能够最大限度利用灾情碎片信息或震害混沌信息的第一反应及其紧急处置作用，及时功能意指初期现场决策能够在尚未完成勘查核实震害破坏期间先对灾民或生命线工程等进行抢险救援的关键反应及其紧急处置作用，对冲功能意指初期现场决策能够通过政府与社会及时救灾救助措施减轻突如其来的震害对灾区或灾民承受力的消弭反应及其紧急处置作用。同时，其协同逻辑在灾害初期决策中具有现场性和靠前性特点。

2. 灾害初期会商决策

即根据震害综合信息和在前方现场紧急部署基础上通过集体研究对先期抢险救援重大疑难紧迫事项进行靠前指导部署的决策形式。它包括灾害初期部队抢险部署、灾害初期生命线抢险部署、灾害初期震情研判部署等内容。灾害初期部队抢险部署是结合部队集中统一和训练有素的精锐力量对灾区进行驰援抢险的紧急措施，灾害初期生命线抢险部署是对灾区震后生存所需水电路等设施设备进行抢修排险以安置灾民或辅助救援的紧急措施，灾害初期震情研判部署是对震害动态变化及初期抢险方案进行分析诊断以掌控救灾局面的紧急措施。其决策部署承担着统领、核心和中枢等功能。统领功能意指灾害初期会商决策承担着突降震害混沌期对紧急关键或重大抢险救灾事项等进行统辖部署的职能，核心功能意指灾害初期会商决策承担着突降震害混沌期对各级抗震救灾指挥机构紧急救灾救援等进行关键部署的职能，中枢功能意指灾害初期会商决策承担着突降震害混沌期对全局性抗震救灾有序运转等进行牵头部署的职能。同时，其协同逻辑在灾害初期决策中具有决定性和根本性特点。

3. 灾害初期特殊决策

即指特殊情况下采取的紧急部署抗震救灾等超常指导部署的决策形式。它包括灾害初期指导部署和灾害初期场地指挥部署等内容。灾害初期指导部署是领导人通过全球通信系统或其他方式对地震灾害进行沟通指导的紧急措施，灾害初期场地指挥部署是因震害等紧急转入其他安全掩体或特种场地保持中枢运转的措施。其决策部署承担着统揽、持续和坚定等功能。统揽功能意指灾害初期特殊决策承担着在各种紧急复杂险情下统一领导救灾的职能，持续功能意指灾害初期特殊决策承担着在各种临时环境下中枢指挥系统平战转换的职能，坚定功能意指灾害初期特殊决策承担着在复杂信息环境下核心决策系统紧急处置的职能。同时，其协同逻辑在灾害初期决策中具有权变性和非程序性特点。

（二）灾害应急决策

灾害应急决策是指决策机关统辖抗震救灾指挥部门并在初期决策基础上根据灾情表现做出全面应急救灾决定及综合研判的机制。它包括灾害应急国家决策、灾害应急地方决策、灾害应急部门决策等内容。

1. 灾害应急国家决策

即指灾害响应等级最高或根据需要由国务院抗震救灾指挥机构对全国性应急救灾实施指挥领导或协调政府、企业和社会应急救灾等举国救灾措施进行全面综合部署的决策形式。它包括灾害应急救援部署、灾害应急救助部署、灾害应急保障部署等内容。灾害应急救援部署是根据灾情紧急程度对灾区的人员搜救、生命线疏通和物资调运等首要关键环节的应急措施，灾害应急救助部署是根据灾情危害程度对灾民的基本生活、伤病医疗等紧要特别环节的应急措施，灾害应急保障部署是根据灾情影响程度对灾区的人财物信息、监测设备、科技装备和避难场所等主要基础环节的应急措施。其决策部署承担着全面、综合和支撑等功能。全面功能意指灾害应急国家决策承担着全国性跨地区跨部门跨行业抗震救灾领导指挥职能，综合功能意指灾害应急国家决策承担着全国性跨领域跨组织跨专业抗震救灾领导指挥和系统整合职能，支撑功能意指灾害应急国家决策承担着举国救灾制度保障和应急救援资源保障职能。同时，其协同逻辑在灾害应急决策中具有先导性和保障性特点。

2. 灾害应急地方决策

即指灾害响应等级属地方管辖及在党和政府领导下对地方救灾措施进行局部灵活部署的决策形式。它包括灾害应急处置部署、灾害应急治安部署、灾害应急安置部署等内容。灾害应急处置部署是震害初期为减轻伤亡损失对灾区进行抢险搜救等第一响应环节的应急措施，灾害应急治安部署是为保证灾后社会稳定及各项救灾工作顺利开展对灾区进行法制服务保障等重要响应环节的应急措施，灾害应急安置部署是为保证灾后恢复重建及生活救助工作对灾民进行临灾转移过渡等特别响应环节的应急措施。其决策部署承担着前置、主体和灵活等功能。前置功能意指灾害应急地方决策承担着对本行政区域地震进行先期紧急处置与快速救援的职能，主体功能意指灾害应急地方决策承担着对本行政区域抗震救灾进行属地管辖的职能，灵活功能意指灾害应急地方决策承担着对本行政区域地震临时处置进行权变管理的职能。同时，其协同逻辑在灾害应急决策中具有属地性和灵活性特点。

3. 灾害应急部门决策

即指由政府各个部门对其所属系统专业性应急救灾实施领导指挥等部门救灾措施进行专门集中部署的决策形式。它包括灾害应急监测部署、灾害应急救援部署、灾害应急救助部署等内容。灾害应急监测部署是地震、科技和信息等部门通过科技平台或先进手段对震害结果及现场动态进行实时分析研判等信息加工环节的应急措施，灾害应急救援部署是政府部门根据应急处置职能任务通过直接或间接方式进行专业分工救援等行动服务环节的应急措施，灾害应急救助部署是政府部门根据应急恢复重建轻重缓急通过物质或精神方式进行生产生活救助等保障服务环节的应急措施。其决策部署承担着专业、落实和补充等功能。专业功能意指灾害应急部门决策承担着对本部门抗震救灾进行层级协调的统一行动职能，落实功能意指灾害应急部门决策承担着本部门对国家应急与地方应急进行条块结合的组织执行职能，补充功能意指灾害应急部门决策承担着本部门对国家应急与地方应急进行辅助决策的信息咨询职能。同时，其协同逻辑在灾害应急决策中具有专业性和辅助性特点。

（三）灾害追踪决策

灾害追踪决策是根据灾情复杂变化或应急救援进展做出补充救灾决定及动态研判的机制。它包括灾害临机救援决策、灾害衍生险情决策、灾害特殊安置决策等内容。

1. 灾害临机救援决策

即指抢险救灾过程中为实现预定目标任务对遇到的意外情况或不得不紧急处置的特殊情况等进行临时排险部署的决策形式。它包括救灾道路疏通部署、救灾物资投放部署、紧急伤病转移部署等内容。救灾道路疏通部署是由应急救援工程队对进出灾区的抢险运输通行主干道路或应急道路等进行塌方清理和断毁疏通的临机救援措施，救灾物资投放部署是由应急救援部队对救灾通行困难山区或偏远乡村等地灾民进行直升机空运投放救灾物资的临机救援措施，紧急伤病转移部署是通过航空或铁路等快速运输通道对震区急重伤病灾民等进行紧急异地转移治疗的临机救援措施。其决策部署承担着因应、灵活和主动等功能。因应功能意指灾害临机救援决策承担着为全局性应急救灾目标推进争取有利时机进行前置处置的随机应变职能，灵活功能意指灾害临机救援决策承担着对灾害应急救援任务进行具体分析或灵活执行的因地制宜职能，主动功能意指灾害临机救援决策承担着应急救援过程中对次生灾害或意外险情进行及时甄别发现的未雨绸缪职能。同时，其协同逻辑在灾害追踪决策中具有前置性和基础性特点。

2. 灾害衍生险情决策

即指地震引发连锁灾害，导致震害应急救援过程中对叠加的衍生灾害进行同步协调部署的决策形式。它包括风险监测部署、分类处置部署、紧急保障部署等内容。风险监测部署是通过科技途径或经验方法对地震发生区域的山体、水库等重点部位进行实时监测排查以预判风险隐患的险情处置措施，分类处置部署是由抗震救灾指挥部门独立或会同灾害管理部门对震后可能发生的不同类型和不同性质的衍生灾害进行专业研判解决的险情处置措施，紧急保障部署是震后可能发生衍生灾害的特殊异常表现或极端罕见后果等超出原有应对条件时进行国内外尖端科技或工程辅助的险情处置措施。其决策部署承担着系统、专业和预判等功能。系统功能意指灾害衍生险情决策承担着与震害应急救灾协调互补部署的综合处置职能，专业功能意指灾害衍生险情决策承担着对震后叠加复杂急难灾害进行系统科学部署的规范指导职能，预判功能意指灾害衍生险情决策承担着对震后复合灾害险情进行动态监测和分析预警的风险识别职能。同时，其协同逻辑在灾害追踪决策中具有同步性和专业性特点。

3. 灾害特殊安置决策

即指对历史文物等进行转移保护等的决策形式。它包括文物抢救部署、建筑修复部署等内容。文物抢救部署是通过救援部队对震害掩埋的文物实物或存放场地进行集中抢救保护的特殊安置措施，建筑修复部署是通过异地恢复或原址恢复方式对震害损毁的特殊建筑物进行复原修建保护的特殊安置措施。其决策部署承担着保障、例外和协商等功能。保障功能意指灾害特殊安置决策承担着对全局性应急救援工作有序开展进行关键任务部署的支持协助职能，例外功能意指灾害特殊安置决策承担着在常规应急救援基础上对具有历史意义或特殊传统的文物建筑遗产等进行专门保障部署的综合反应职能。协商功能是指在震后特殊条件下，对遇难者遗体进行特殊安置处理的沟通说服职能。同时，其协同逻辑在灾害追踪决策中具有精准性和衔接性的特点。

五　政府与社会协同应对地震资源整合

协同应对地震资源整合是依托举国救灾体制或充分动员社会救灾力量积极参与应急救援事务或为抗震救灾整体推进添砖加瓦的支持保障活动。它是建立在人财物支援和志愿服务基础上以灾害应对需求为导向的、统分结合的、有序化的资源整合形式。从救灾供给侧结构及服务功能来看，主要包括灾害救援资源整合、灾害救助资源整合和灾害防治资源整合等内容。

（一）灾害救援资源整合

灾害救援资源整合是指震害紧急应对期间对政府主导与社会参与救灾人财物或技术装备等应急资源及紧急市场供给进行的科学配置及其统筹机制。它包括灾害救援人员整合、灾害救援技能整合、灾害救援物资整合等内容。

1. 灾害救援人员整合

即指为震害应急抢险及减轻灾区伤亡损失进行人员综合部署的资源整合形式。它包括抢险人员整合、搜救人员整合、保障人员整合等内容。抢险人员整合是为紧急进入灾区抢救震毁房屋压埋灾民或抢救保护重要资料进行军地组合的人员整合措施，搜救人员整合是运用地震科技等多种手段紧急进入灾区搜救震后幸存人员或失踪人员及探测呼救生命体征活动进行专兼组合的人员整合措施，保障人员整合是为紧急进入灾区提供基础公共服务或保障灾后社会秩序进行内外组合的人员整合措施。人员整合承担着联合、协作和支持等功能。联合功能意指震害抢险救援反映了政府、军队及社会等多种力量共同联动参与的集中统一作用，协作功能意指震害抢险救援反映了不同参与救援力量之间互通有无、协作配合的合作互补作用，支持功能意指震害抢险救援是保障灾后恢复重建等应急救灾任务顺利实施的基础先决条件。同时，其协同逻辑在灾害救援资源整合中具有协作性和复合性特点。

2. 灾害救援技能整合

即指为震害应急抢险及减轻灾区伤亡损失进行技能综合部署的资源整合形式。它包括救援装备整合、救援工种整合、救援经验整合等内容。救援装备整合是为地震救援专业队伍采用现代高新科技等设施设备开展被压埋灾民搜索营救或现场紧急破拆塌方建筑物等进行繁简组合的技能整合措施，救援工种整合是为地震救援专业队伍在地震现场救援基础上兼顾消防、防化、防辐射等特种衍生灾害的应对处置问题进行多专组合的技能整合措施，救援经验整合是为地震救援专业队伍结合常规处置措施与特殊处置措施等实施地震现场救援或人员搜救进行知行组合的技能整合措施。技能整合承担着综合、专业和协助等功能。综合功能意指震害抢险救援科学组合多种专业装备和多种行业技能进行震害现场紧急救援的齐心协力作用，专业功能意指震害抢险救援是具有法定资格的专业队伍或特种部队运用科技设备或先进手段从倒塌房屋中进行人员搜寻营救的专门一致作用，协助功能意指震害抢险救援保障全面应急救灾或灾后恢复重建等顺利实施的辅助支持作用。同时，其协同逻辑在灾害救援资源整合中具有专业性和时效性特点。

3. 灾害救援物资整合

即指为震害应急抢险及减轻灾区伤亡损失进行物资综合部署的资源整合形式。它包括生存物资整合、医疗物资整合、避难物资整合等内容。生存物资整合是震后紧急调运灾民基本生存或临时过渡性生活所需物资等的内外组合的物资整合措施，医疗物资整合是震后调运灾民伤病医治所需物资等的急缓组合的物资整合措施，避难物资整合是震后紧急调运灾民御寒防护或户外避险所需物资等的供需组合的物资整合措施。物资整合承担着支援、合作和安置等功能。支援功能意指地震救援物资整合保障先期紧急抢险及灾民紧急避险能够及时实施的基础保障作用，合作功能意指地震救援物资整合建立在政府、社会与市场互补合作基础上兼顾社会性与经济性，安置功能意指地震救援物资整合承担着救灾必需品保障服务功能。同时，其协同逻辑在灾害救援资源整合中具有基础性和服务性特点。

（二）灾害救助资源整合

灾害救助资源整合是指震害应对及恢复重建期间由政府部门、企事业单位等对灾区提供物质援助或其他帮助等的救灾资源支援机制。它包括灾害物质救助整合、灾害医疗救助整合、灾害政策救助整合等内容。

1. 灾害物质救助整合

即指对地震灾民生产生活恢复及重建等抗灾救灾活动进行财物综合部署的资源整合形式。它包括生活物资救助整合、生产物资救助整合、重建物资救助整合等内容。生活物资救助整合是对灾民及其家庭的基本生活提供的长期补助与短期补助相结合的物质救助整合措施，生产物资救助整合是对灾民及其家庭的生产或商贸活动提供的直接补助与间接补助相结合的物质救助整合措施，重建物资救助整合是为保证灾区政府机关和企事业单位基础设施正常运转提供的财政支援与捐赠支援相结合的物质救助整合措施。物质救助整合承担着救济、保障和稳定等功能。救济功能意指地震物质救助承担着震后及时保障灾民及其家庭生活生产不中断或恢复运转功能的赈灾支持职能，保障功能意指地震物质救助对震后灾区生命线工程或重点基础设施等进行资金技术支持的举国援助职能，稳定功能意指地震物质救助体现了党和国家与社会各界心系灾区抚慰灾民及以人为本抗灾救灾的制度支撑职能。同时，其协同逻辑在灾害救助资源整合中具有先决性和保障性特点。

2. 灾害医疗救助整合

即指对地震灾民伤病医治及身心健康维护等医疗救助活动进行服务综合部署的资源整合形式。它包括现场医疗救助整合、后方医疗救助整合、异地医疗救助整合等内容。现场医疗救助整合是对地震灾区紧急抢险及先期搜救灾民进行原地抢救与转移抢救相结合的医疗救助整合措施，后方医疗救助整合是在现场救助基础上对灾区医疗条件受限或因滞留延误灾民伤病医治的进行省区内就近抢救与分散抢救相结合的医疗救助整合措施，异地医疗救助整合是对震害伤势极其严重导致本省区无法容纳医治或特殊病情灾民进行跨省区集中抢救与个别抢救相结合的医疗救助整合措施。医疗救助整合承担着抢险、服务和援助等功能。抢险功能意指地震医疗救助承担着对震后灾民生命健康或心理健康等进行紧急救护的支撑保障职能，服务功能意指地震医疗救助是应急医疗，援助功能意指地震医疗救助是建立在国家医疗体系全方位多层次保障基础上地区间支援合作的系统整合。同时，其协同逻辑在灾害救助资源整合中具有紧迫性和专业性特点。

3. 灾害政策救助整合

即指对地震灾区与灾民生产生活恢复及震后重建等政策救助活动进行综合部署的资源整合形式。它包括临时救助政策整合、短期救助政策整合、长期救助政策整合等内容。临时救助政策整合是对灾民及其家庭震后紧急恢复进行现金补助与实物补助的政策救助整合措施，短期救助政策整合是国家与地方对灾民及其家庭灾后安置进行住房恢复与基础设施恢复的政策救助整合措施，长期救助政策整合是对灾区经济社会恢复进行产业扶持与金融扶持的政策救助整合措施。政策救助整合承担着聚合、扶持和保障等功能。聚合功能意指地震政策救助发挥着对灾区恢复重建或灾民安置等进行资金支持的政策杠杆作用，扶持功能意指地震政策救助承担着对灾民生产劳动或商贸活动等进行项目支持的引导服务职能，保障功能意指地震政策救助承担着对灾区震后经济社会及时恢复发展等进行产业支持的资源整合职能。同时，其协同逻辑在灾害救助资源整合中具有服务性和灵活性特点。

（三）灾害防治资源整合

灾害防治资源整合是指政府、社会及市场共同对灾害进行预防治理的资源配置及整合机制。它包括灾害防治主体整合、灾害防治技术整合、灾害防治工程整合等内容。

1. 灾害防治主体整合

即指对地震灾害防治参与主体进行角色综合部署的资源整合形式。它包括政府部门整合、社会组织整合、企业组织整合等内容。政府部门整合是把具有相同或相近的地震灾害防治职能的政府部门进行扁平化与综合化相结合的整合，社会组织整合是把积极投身于地震灾害志愿服务等的救灾公益组织进行规范化与专业化相结合的整合，企业组织整合是运用市场资源配置方式对承担地震灾害救灾物资生产及供给服务等职能的救灾企业组织进行市场化与指令化相结合的整合。防治主体整合承担着综合、规范和互补等功能。综合功能意指地震灾害防治是政府、社会与市场等主体共同参与及受地震影响的各主体都积极行动起来进行合作应对，规范功能意指地震灾害防治是各参与主体根据其角色功能及社会责任开展防震减灾，互补功能意指地震灾害防治是政府、社会与市场救灾机制主动适应灾情形势及优势互补。同时，其协同逻辑在灾害防治资源整合中具有整体性和复合性特点。

2. 灾害防治技术整合

即指对地震灾害防治技术手段进行系统综合部署的资源整合形式。它包括监测技术整合、预报技术整合、预警技术整合等内容。监测技术整合是对地震活动特点及致灾因子进行震前跟踪分析（长中短临期）与震后（应急恢复期）跟踪分析相结合的防治技术整合，预报技术整合是在监测研判的基础上根据孕灾环境特殊性对未来地震风险进行时间概率预测与空间概率预测相结合的防治技术整合措施，预警技术整合是在监测预报综合基础上根据地震波初期情况及地震参数对破坏性地震波到达地面前进行强度速报和烈度速报相结合的防治技术整合措施①。防治技术整合承担着前沿、专业和保障等功能。前沿功能意指地震预防手段建立在现代高新科技装备基础上，对地震活动的监测更加科学；专业功能意指地震预防手段是运用多学科综合知识对地震活动现象及其特殊规律进行复杂系统分析；保障功能意指地震预防手段是各级政府开展防震减灾工作规划及制定地震预防方针政策并据此服务于经济社会发展的前提基础。同时，其协同逻辑在灾害防治资源整合中具有基础性和服务性特点。

3. 灾害防治工程整合

即指对地震灾害防治基建工程进行规制综合部署的资源整合形式。它包括基础设施工程整合、生命线工程整合、危旧房改造工程整合等内容。基础设施工程整合是对地震应急救灾公路、铁路、航空等运输及其配套设施进行民用服务与救灾服务相结合的防治工程整合措施，生命线工程整合是对地震应急救灾供水、供电、通信等基本生活设施及其恢复运转进行常规服务与应急服务相结合的防治工程整合措施，危旧房改造工程整合是对城市居民及农牧民危旧住房或民用建筑抗震设施改造进行政府政策资金扶持与家庭积极参与配合相结合的防治工程整合措施。防治工程整合承担着基础、兼备和服务等功能。基础功能意指地震防治工程承担着从最基础有效的基建层面对地震预防及应急救援提供硬件支撑的前提保障职能；兼备功能意指地震防治工程建立在平战结合基础上，兼顾常规用途与紧急用途；服务功能意指地震防治工程具有为震后及时恢复灾民生活秩序与社会秩序提供保障服务的应急反应作用。同时，其协同逻辑在灾害防治资源整

---

① 参见《加强防震减灾预警措施，建立高效科学防灾体系——专访应急管理部副部长、中国地震局局长郑国光》，中国政府网，http://www.gov.cn/xinwen/2018－10/13/content_5330303.htm，最后访问日期：2018年10月13日。

合中具有工程性和支撑性特点。

六　政府与社会协同应对地震反馈评估

协同应对地震评估是对应急救灾及灾后恢复重建等进行的服务评价。从防灾救灾阶段性任务来看，主要包括灾害风险治理评估、灾害应急救灾评估和灾害社会救助评估等内容。

（一）灾害风险治理评估

灾害风险治理评估是指对地震工程治理及预防制度建设等防震减灾事务进行的成效评价。它包括灾害风险治理参与评估、灾害风险治理投入评估、灾害风险治理效应评估等内容。

1. 灾害风险治理参与评估

即指对地震风险预防等方面落实执行情况的评估形式。它包括参与方式评估、参与内容评估、参与制度评估等内容。参与方式评估是对政府与社会地震灾害预防的具体形式及主观能动性的评估，参与内容评估是对政府与社会地震灾害预防的组织实施及部署精细化的评估，参与制度评估是对政府与社会地震灾害预防的政策保障及落实规范性的评估。参与评估承担着引导、监督和纠偏等功能。引导功能意指地震预防参与评估是建立在政府主导与社会参与基础上对地震灾害知识普及和预防活动的组织落实，监督功能意指地震预防参与评估承担着对各主体落实执行地震风险预防活动及履行防震减灾制度建设的督促改进职能，纠偏功能意指地震预防参与评估承担着指导各部门总结防震抗震不足的总结反馈职能。同时，其协同逻辑在灾害评估活动中具有前置性和宏观性特点。

2. 灾害风险治理投入评估

即指对地震风险预防等方面资源投入情况的评估形式。它包括人财物投入评估、科技投入评估、工程投入评估等内容。人财物投入评估是对政府与社会地震灾害预防的人员、资金、实物等基础投入及保障持续性进行的评估，科技投入评估是对政府与社会地震灾害预防的现代高新技术等科技投入及运行有效性的评估，工程投入评估是对政府与社会地震灾害预防的重点工程或民用建设等项目投入及推广普遍性的评估。投入评估承担着指导、落实和反馈等功能。指导功能意指地震预防投入评估承担着对各部门科学配置防震抗震资源的统筹规划职能，落实功能意指地震预防投入评估承担着对各部门增强防震减灾岗位责任及服务意识的组织执行职能，反馈功能意指地震预防投入评估承担着对各部门实际工作成效及有序运转的经验参考职能。同时，其协同逻辑在灾害评估活动中具有统筹性和执行性特点。

3. 灾害风险治理效应评估

即指对地震风险预防实际成效作用的评估形式。它包括社会效应评估、公共服务效应评估、经济效应评估等内容。社会效应评估是对政府与社会地震灾害预防的社会成效及韧性效应的评估，公共服务效应评估是对政府与社会地震灾害预防的服务成效及政策效应的评估，经济效应评估是对政府与社会地震灾害预防的投入成效及供给效应的评估。效应评估承担着督导、总结和反思等功能。督导功能意指地震预防效应评估承担着对各治理主体有计划有步骤提升预防治理水平的引导指挥职能，总结功能意指地震预防效应评估承担着对各治理主体开展防震抗震实际工作及成效的综合反馈职能，反思功能意指地震预防效应评估承担着对各治理主体防震减灾战略规划及长效保障的监督检查职能。同时，其协同逻辑在灾害评估活动中具有客观性和对照性特点。

（二）灾害应急救灾评估

灾害应急救灾评估是指对处置地震灾害和开展地震应急管理等应急救灾事务的成效评价。它包括灾害应急救灾响应评估、灾害应急救灾救援评估、灾害应急救灾重建评估等内容。

1. 灾害应急救灾响应评估

即指对政府与社会地震应急准备及部署救灾等应急反应情况的评估形式。它包括救灾响应准备评估、救灾响应实施评估、救灾响应追踪评估等内容。救灾响应准备评估是对政府与社会地震应急预案的完备程度及实践操作性的评估，救灾响应实施评估是对政府与社会运行地震应急预案的成熟程度及实施规范性的评估，救灾响应追踪评估是对政府与社会根据震害动态变化调整地震应急预案的灵活程度及操作匹配性的评估。响应评估承担着导向、规范和校正等功能。导向功能意指地震应急救灾响应评估承担着对各主体应急救灾职责分工及规范程序的引导指挥职能，规范功能意指地震应急救灾响应评估承担着对各主体运行应急预案及进行紧急部署的科学规范职能，校正功能意指地震应急救灾响应评估承担着对应急预案的运行进行动态调整或临时调整的审时度势职能。同时，其协同逻辑在灾害评估活动中具有规范性和操作性特点。

2. 灾害应急救灾救援评估

即指对政府与社会地震应急抢险及救灾等应急处置情况的评估形式。它包括救援装备评估、救援方式评估、救援行动评估等内容。救援装备评估是对政府与社会地震搜救的设备设施及功能适用性的评估，救援方式评估是对政府与社会开展地震搜救的技能措施及方法有效性的评估，救援行动评估是对政府与社会地震搜救的实施部署及组织科学性的评估。救援评估承担着指导、督促和整合等功能。指导功能意指地震救援评估承担着对各主体地震应急搜救任务流程及规范措施的科学部署职能，督促功能意指地震救援评估承担着对各主体反馈地震应急搜救经验教训及完善改进的取长补短职能，整合功能意指地震救援评估集地震应急搜救软硬件功能及理论性与应用性等于一体。同时，其协同逻辑在灾害评估活动中具有实践性和综合性特点。

3. 灾害应急救灾重建评估

即指对政府与社会地震应急恢复及支持救灾等灾后重建情况的评估形式。它包括重建工程评估、重建安置评估、重建保障评估等内容。重建工程评估是对政府与社会的基础设施、公共设施和住宅建设等震后重建工程及规划抗震性的评估，重建安置评估是对政府与社会的就地重建或异地新建等震后恢复安置及群众满意性的评估，重建保障评估是对政府与社会的财政援助、政策支持和社会帮扶等震后人财物保障及落实有效性的评估。重建评估承担着倡导、赈济和治理等功能。倡导功能意指地震重建评估承担着"一方有难，八方支援"及社会主义制度优越性的宣传引导职能，赈济功能意指地震重建评估承担着动员集体力量及开展举国救灾的制度创新职能，治理功能意指地震重建评估承担着灾后新区布局建设及融防灾减灾救灾与经济社会发展于一体的统筹兼顾职能。同时，其协同逻辑在灾害评估活动中具有治理性和保障性特点。

（三）灾害社会救助评估

灾害社会救助评估是对震后社会管理及制度建设等救济救助事务的成效评价。它包括灾后政府救助评估、灾后社会组织救助评估、灾后企业救助评估等内容。

1. 灾后政府救助评估

即指对各级政府部门震后生产生活救助及政策支持等主导救助情况的评估形式。它包括生活救助评估、生产救助评估、医疗救助评估等内容。生活救助评估是对各级政府及时向灾民提供衣食住用和过渡性安置等基础性救助及社会影响力的评估，生产救助评估是对各级政府及时向灾区或灾民提供生产条件和基础设施等恢复性救助及响应及时性的评估，医疗救助评估是对公立医疗机构及时向灾民提供伤病医疗和疫病防疫等保障性救助及服务有效性的评估。政府救助评估承担着防范、保障和服务等功能。防范功能意指政府救助评估是从政策层面减缓对冲效应，保障功能意指政府救助评估承担着从制度层面保证灾民及时开展恢复建设的资源集合职能，服务功能意指政府救助评估承担着从实施层面保证公共需求的服务供给职能。同时，其协同逻辑在灾害评估活动中具有赈济性和供给性特点。

2. 灾后社会组织救助评估

即指对各类社会组织震后慈善救助及志愿服务等参与救助情况的评估形式。它包括财物救助评估、服务救助评估、心理救助评估等内容。财物救助评估是对各类社会组织充分动员社会力量向灾区进行捐款捐物和慈善救灾等物质性援助及参与积极性的评估，服务救助评估是对各类社会组织向灾民提供救援辅助和生活服务等服务性援助及参与有序性的评估，心理救助评估是对国家认定的具备专业资质的社会组织向灾民提供震后心理干预和心理恢复等精神性援助及参与有效性的评估。社会组织救助评估承担着规范、有序和合作等功能。规范功能意指社会组织救助评估承担着依法规范指导灾后慈善活动和志愿行为的制度保障职能，有序功能意指社会组织救助评估根据救灾需要对进入灾区救援的人员或团体进行适度灵活准入，合作功能意指社会组织救助评估对政府主导救助活动进行辅助的协同支持作用。同时，其协同逻辑在灾害评估活动中具有合作性和辅助性特点。

3. 灾后企业救助评估

即指对各类企业救灾物资生产及赈灾供给等辅助救助情况的评估形式。它包括救灾物资生产评估、救灾物资供给评估、救灾物资储运评估等内容。救灾物资生产评估是对具备许可资质或厂商名录的企业组织根据灾情需要或政府储备部门委托开展救灾物资加工生产等保障充分性的评估，救灾物资供给评估是对生产企业或流通企业能否及时或足额向灾区或灾民提供急需紧缺物资等市场响应性的评估，救灾物资储运评估是对生产企业或运输企业通过陆海空立体化方式向灾区运送应急物资或提供绿色通道等服务便捷性的评估。企业救助评估承担着保障、服务和支持等功能。保障功能意指企业救助评估承担着运用市场资源配置功能实现救灾物资供给的及时响应职能，服务功能意指企业救助评估承担着把市场专业分工优势与赈灾社会责任相结合实现救灾物资保障的便捷灵通职能，支持功能意指企业救助评估承担着政府灾时治理机制与市场紧急调节机制相结合保证救灾物资充分供给的伙伴关系职能。同时，其协同逻辑在灾害评估活动中具有伙伴性和辅助性特点。

第五章 青藏高原地震应急管理政府与社会协同实证分析

地震灾害应对既是政府的基本职责，也离不开社会各界的参与支持。同时，发挥政府主导作用及引导社会有序参与抗震救灾也是不断实践的过程。据此，本书运用博弈分析、结构方程模型及社会网络分析等方法对地震应急救灾协同机制进行实验观察和统计分析，以此来判断或检验达成协同关系的现实路径。

一 政府与社会协同关系的博弈分析

博弈论（Game Theory，又译作对策论、竞赛论）是研究个人或组织存在策略互动及利益依存特征时进行形势分析及权衡利弊得失的最优选择或决策行为[1]，其作为现代数学的分支和运筹学的组成部分已被广泛应用于多个领域。博弈分析指的是在博弈关系中，博弈的参加者在一定条件和规则下各自可选择的全部策略集合所取得的效用结果[2]，以及对效用结果的效益分析。

拟定议题：应急救灾中政府与社会协同关系的博弈分析

1. 博弈类型

（1）完全信息静态博弈

（2）完全信息动态博弈

---

① 参见马洪宽《博弈论》，同济大学出版社，2015。

② 参见谢识予编著《经济博弈论》，复旦大学出版社，2002。

2. 博弈规则

（1）地震灾害初期应对关系

（2）地震灾害后期应对关系

（3）政府部门参与应急救援

（4）社会组织参与应急救援

3. 博弈模型

（1）纯粹战略纳什均衡模型

（2）混合战略纳什均衡模型

4. 博弈关系

（1）初期应对静态博弈矩阵式（见图5–1）

假定1：政府有两个纯战略（积极参与救灾，不积极参与救灾①）

假定2：政府履行职责积极参与救灾得到正面形象（假定收益为1）

假定3：政府因时间因素不积极参与救灾得不到正面形象（假定收益为0）

假定4：社会组织②有两个纯战略（积极参与救灾，不积极参与救灾）

假定5：社会组织积极参与救灾得到正面形象（假定收益为1）

假定6：社会组织不积极参与救灾无功无过（假定收益为0）

（2）后期应对静态博弈矩阵式（见图5–2）

假定1：政府有两个纯战略（限制社会组织进入③，不限制社会组织进入）

假定2：政府不限制社会组织进入导致救灾秩序混乱（假定收益为 – D）

假定3：政府不限制社会组织进入且其不积极进入使救灾有序（假定收益为B）

假定4：政府限制社会组织进入且其积极配合政府无功无过（假定收益为0）

---

① 此处的不积极参与救灾主要指初期救灾行动的滞后或不足等情况。

② 此处的社会组织主要指慈善组织、志愿组织及参与救灾活动的个人。

③ 此处的限制社会组织进入指的是震后恢复重建期间社会组织大量或盲目进入灾区导致救灾秩序混乱，使政府不得不采取的使其适当有序进入灾区的措施。

假定5：社会组织有两个纯战略（积极进入①，不积极进入）

假定6：政府限制社会组织进入且其积极进入导致秩序混乱（假定收益为 – C）

假定7：政府不限制社会组织进入且其积极进入得到正面形象（假定收益为 A）

假定8：政府限制社会组织进入且其不积极进入无功无过（假定收益为 0）

政府

		积极参与救灾	不积极参与救灾
社会组织	积极参与救灾	1，1	1，0
	不积极参与救灾	0，1	0，0

图 5 – 1 初期应对静态博弈矩阵式

政府

		不限制社会 组织进入	限制社会 组织进入
社会组织	积极进入	A，–D	–C，–B
	不积极进入	0，B	0，0

图 5 – 2 后期应对静态博弈矩阵式

（3）后期应对动态博弈扩展式（见图 5 – 3）

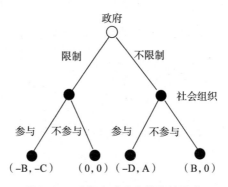

图 5 – 3 后期应对动态博弈扩展式

① 此处的积极进入指的是震后恢复重建期间根据实际救灾需要进入灾区进行的慈善或志愿救助活动。

（4）后期应对动态博弈战略式（见图 5 – 4）

战略 1：若政府选择限制，社会组织选择参与；若政府选择不限制，社会组织选择参与。

战略 2：若政府选择限制，社会组织选择参与；若政府选择不限制，社会组织选择不参与。

战略 3：若政府选择限制，社会组织选择不参与；若政府选择不限制，社会组织选择参与。

战略 4：若政府选择限制，社会组织选择不参与；若政府选择不限制，社会组织选择不参与。

社会组织

		（参与，参与）	（参与，不参与）	（不参与，参与）	（不参与，不参与）
政府	限制	–B, –C	–B, –C	0, 0	0, 0
	不限制	–D, A	B, 0	–D, A	B, 0

图 5 – 4　后期应对动态博弈战略式

5. 研究推论

推论 1：高原地震巨灾背景下，政府与社会组织存在着复杂救灾关系并形成了以关键节点为互动标志的开放性和规范性协同方式。开放性协同反映的是灾害初期为尽可能减轻伤亡损失需要各方面参与的及时响应救灾，规范性协同反映的是灾害后期恢复重建需要政府引导社会组织有计划参与的规范响应救灾。而且，开放性协同是以社会组织参与饱和度为界限的志愿救助服务，规范性协同是政府以灾区承载力为界限引导社会组织进行的慈善救助服务。无论何种方式的协同救灾机制都有助于消弭或减轻灾害危害。

推论 2：高原地震巨灾政府与社会组织协同机制是建立在法制基础上的动态调整过程而非一次性结果，且其协同效果取决于社会组织的响应理性。一般情况下，政府需要社会组织发挥应急救灾的拾遗补阙作用以帮助灾民共渡难关，但其盲目涌入灾区则造成了救灾秩序混乱，简单限制社会组织的救灾积极性也于事无补，这就要既欢迎社会组织积极参与也需要指导其根据灾情实际有序参与，因而协同救灾活动可以是直接性参与也可以是间接性参与。也就是说，并不是所有社会组织或救灾活动都需要到灾区来直接参与或实施，有些不进入灾区的赈灾支援活动会更有助于政府救灾。

推论3：高原地震巨灾救灾活动中政府与个人或小团体之间也存在着显著的协同关系且其在志愿服务方面更加灵活。一般情况下，个人或小团体的救灾参与性质与社会组织相同但其识别较困难且常以道义精神为驱动而欠缺组织性，其救灾活动需要政府给予重点引导，而且政府对欲长途跋涉赴灾区的应给予风险提示。从实际看，有些个人或小团体不留意政府救灾信息而盲目涌入造成秩序混乱，这就需要政府或抗震救灾指挥部门通过有效方式向社会发布救灾准入信息，有序开展救灾服务。也就是说，并不是任何人或在任何时间都需要到灾区参与救灾活动，应是适时根据灾民需要有组织有计划实施。

二　政府与社会协同关系的结构方程模型分析

结构方程模型（Structural Equation Model，SEM）是建立在用计算机软件进行图形及变量等数据处理基础上综合运用多元回归分析、路径分析和因子分析方法的统计分析工具[①]，它由测量模型和结构模型两部分构成，目前在管理学、社会学、教育学等社会科学领域得到广泛应用。其一般是指在依靠问卷收集数据的情况下用来解释现实社会现象或问题的统计推断，以及其理论框架。

拟定议题：应急救灾中政府与社会协同关系的结构方程模型分析

1. 概念模型（见图5-5）

（1）协同主体：政府治理与社会治理

（2）协同路径：交流沟通与资源投入

（3）协同绩效：经济效益与社会效益

---

① 参见李怀祖《管理研究方法》，西安交通大学出版社，2004。

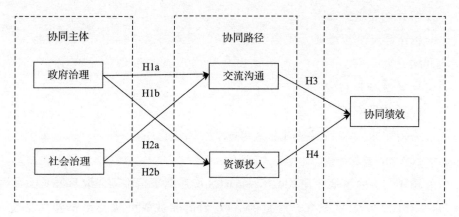

图 5 - 5　应急救灾协同概念模型

2. 研究假设

H1a：党和政府的统一领导指挥对地震应急救灾交流沟通具有正向影响。

H1b：党和政府的统一领导指挥对地震应急救灾资源投入具有正向影响。

H2a：社会参与对地震应急救灾交流沟通具有正向影响。

H2b：社会参与对地震应急救灾资源投入具有正向影响。

H3：协同主体的交流沟通对震后恢复重建的社会效应具有正向影响。

H4：协同主体的资源投入对震后恢复重建的社会效应具有正向影响。

3. 数据收集

（1）问卷数量

问卷共 253 份。其中，政府工作人员 130 份，企事业单位志愿者 47 份，灾区居民 76 份。

（2）问卷类型

采用李克特七级量表进行测量。其中，选项 1 代表"非常不同意"，选项 2 代表"较不同意"，选项 3 代表"不同意"，选项 4 代表"不知道"，选项 5 代表"同意"，选项 6 代表"较同意"，选项 7 代表"非常同意"。

（3）问卷指标

包括政府治理指标、社会治理指标、交流沟通指标、资源投入指标、协同绩效指标。

4. 数据分析

（1）软件应用

采用 SPSS22.0 统计软件和 AMOS22.0 统计软件。

（2）信效度结果

总体上，问卷指标变量的 Cronbach's α 达到了信度要求，Factor Loading 系数达到了效度要求，变量的 AVE 值的收敛效度达到了要求（见表 5-1）。

表 5-1 应急救灾协同变量的信效度结果

变量	测量指标	Factor Loading	Cronbach's α	CR	AVE
政府治理	政府提供应对危机的政策支持	0.925	0.930	0.942	0.703
	政府提供应对危机的信息技术支持	0.912			
	政府提供应对危机的资金支持	0.921			
	政府提供应对危机的生活帮助	0.880			
社会治理	非政府组织提供应对危机的物资支援	0.897	0.951	0.960	0.762
	非政府组织提供应对危机的信息技术支持	0.949			
	非政府组织提供应对危机的志愿服务	0.955			
	非政府组织提供应对危机的生活救助	0.934			
交流沟通	双方对如何处理危机和应对危机进行信息共享	0.957	0.948	0.951	0.691
	双方对如何处理危机和应对危机分享必要的应急知识技术	0.941			
	双方对如何处理危机和应对危机进行信息交流	0.888			
	双方对如何处理危机和应对危机进行应急沟通	0.935			

变量	测量指标	Factor Loarding	Cronbach's α	CR	AVE
资源投入	参与救灾各主体间能够共享救灾信息	0.885	0.913	0.925	0.603
	政府及时提供社会需要的救灾信息	0.873			
	参与救灾各主体及时更新救灾信息	0.905			
	参与救灾各主体间相互支持与帮助	0.901			
协同绩效	参与救灾各主体对救灾目标的完成感到满意	0.852	0.912	0.931	0.655
	参与救灾各主体间的关系得到深化与发展	0.913			
	参与救灾各主体对相互合作感到愉快	0.897			
	参与救灾各主体对相互支持与帮助具有信心	0.897			

（3）模型验证（见图 5－6、表 5－2）

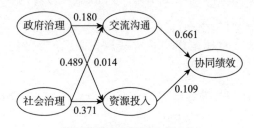

CHI-SQUARE=256.541 df=163
CHI/df=1.574 P=0.000
GFI=0.907 AGFI=0.881
RMSEA=0.048

图 5－6　应急救灾协同概念模型路径

H1a：政府治理显著影响交流沟通，通过验证，$\beta = 0.180$，P < 0.001。

H1b：政府治理显著影响资源投入，通过验证，$\beta = 0.014$，P < 0.05。

H2a：社会治理显著影响交流沟通，通过验证，$\beta = 0.489$，P < 0.001。

H2b：社会治理显著影响资源投入，通过验证，$\beta = 0.371$，P < 0.001。

H3：交流沟通显著影响协同绩效，通过验证，$\beta = 0.661$，P < 0.01。

H4：资源投入显著影响协同绩效，通过验证，$\beta = 0.109$，$P < 0.001$。

表 5 – 2　应急救灾协同概念模型验证

路径构成	标准化路径系数	P 值	假设	是否通过
政府治理→交流沟通	0.180 ***	0.000	H1a	通过
政府治理→资源投入	0.014 *	0.043	H1b	通过
社会治理→交流沟通	0.489 ***	0.000	H2a	通过
社会治理→资源投入	0.371 ***	0.000	H2b	通过
交流沟通→协同绩效	0.661 **	0.009	H3	通过
资源投入→协同绩效	0.109 ***	0.000	H4	通过

注：* 表示 $P < 0.05$，** 表示 $P < 0.01$，*** 表示 $P < 0.001$。

（4）假设验证（见表 5 – 3）

H1a：党和政府的统一领导指挥对地震应急救灾交流沟通具有正向影响，通过验证，$\beta = 0.288$，$P < 0.001$。

H1b：党和政府的统一领导指挥对地震应急救灾资源投入具有正向影响，通过验证，$\beta = 0.034$，$P < 0.05$。

H2a：社会参与对地震应急救灾交流沟通具有正向影响，通过验证，$\beta = 0.495$，$P < 0.001$。

H2b：社会参与对地震应急救灾资源投入具有正向影响，通过验证，$\beta = 0.322$，$P < 0.001$。

H3：协同主体的交流沟通对震后恢复重建的社会效应具有正向影响，通过验证，$\beta = 0.788$，$P < 0.01$。

H4：协同主体的资源投入对震后恢复重建的社会效应具有正向影响，通过验证，$\beta = 0.451$，$P < 0.001$。

（5）模型验证（见表 5 – 3）

在 AMOS 结果的绝对适配指标中，样本契合度的卡方自由度比值为 1～3 的良好适配度、理论良适性值及其调整值（GF1、AGFI）符合临界值，RM-SEA 值是介于 0.05 与 0.08 之间的尚可适配度。在比较适配指标中，模型中的规准适配值（NFI）、非规准适配值（TLI）、比较适配值（CF1）均达到了较好的适合度（标准为大于 0.9），说明模型整体拟合度符合要求。

表 5-3　协同主体、协同路径与协同绩效关系检验及 SME 模型拟合度检验

回归路径	回归系数	Durbin-Watson	R^2	调整 R^2	F 值	拟合指标 λ^2/df	标准区间 $1 < \lambda^2/\mathrm{df} < 3$	模型拟合度 1.574
政府主导→交流沟通	0.288 ***	2.124	0.098	0.094	27.137	GF1	>0.9	0.907
政府主导→资源投入	0.034 *	1.838	0.011	0.007	2.867	RMSEA	<0.06	0.048
社会参与→交流沟通	0.495 ***	2.044	0.314	0.312	115.086	NFI	>0.9	0.962
社会参与→资源投入	0.322 ***	1.808	0.145	0.142	42.733	AGFI	>0.8	0.881
交流沟通→协同绩效	0.788 **	1.854	0.204	0.201	64.318	CF1	>0.9	0.978
资源投入→协同绩效	0.451 ***	2.110	0.571	0.569	334.101	TLI	>0.9	0.964

注：* 表示 $P < 0.05$，** 表示 $P < 0.01$，*** 表示 $P < 0.001$。

5. 研究结论

本研究初步证实了"多元参与－资源保障－社会效益"应急救灾协同假设，为应急救灾能力建设提供了理论借鉴。同时，本研究以边远地区或高原地区的地震灾害样本为分析对象，还不能代表和说明中小规模地震灾害或发达地区地震灾害的应急救灾协同路径。还有哪些因素构成边远或高原地区地震灾害的应急救灾协同关系，或者经济社会更高发展阶段对地震灾害的适应等内容还需要深入研究。研究总体表明：

首先，应急救灾协同机制是灾害治理体系重要部分，是建立在党和政府主导与社会有序参与及体现中国特色社会主义制度优越性的灾害合作治理活动，是综合运用政府的、市场的与社会的伙伴机制提升灾害治理能力的具体表现，也是对传统灾害管理活动的超越和发展的综合灾害管理活动。

其次，应急救灾协同机制以支持保障体系等因素为关键治理路径，即灾害预警与应急信息沟通和基础设施等保障对应急救灾顺利实施发挥着重要作用。完善灾害治理体系首先应将灾害信息服务与救灾资源保障作为长期战略部署常抓不懈，全面系统的支持保障服务成为消除灾害风险的坚实屏障。

另外，应急救灾协同机制通过政府、市场与社会的多元参与治理，发挥中华民族"一方有难，八方支援"传统美德，减轻灾害对经济社会影响。

三 政府与社会协同关系的社会网络分析

社会网络分析（Social Network Analysis，SNA）是建立在计算机软件分析处理基础上对人或组织间形成的社会网络关系结构及属性的图示表现的理论与方法，它由行动者、群体、关系等要素组成，在社会学、经济学、管理学等领域得到应用①。其在研究中被广泛应用于数据挖掘与测量合作间优势地位，以多重主体结构为中心分析各组织间的结构特征和协调关系。

拟定议题：应急救灾中政府与社会协同关系的社会网络分析

1. 样本采集

（1）样本来源

中国知网（CNKI）。

（2）样本时间

2010 年 4 月 14 日 ~ 2011 年 4 月 14 日（以玉树"4·14"地震发生后一年期间的正式出版物为分析样本）。

（3）样本形式

中国知网 CAJ 或 PDF 格式的电子出版物，包括学术期刊、新闻报道、政府文件、会议通讯等。

（4）样本数量

合计 455 个。

2. 统计分析

（1）软件应用

本研究采用目前通行的 UCINET6.0 版本软件，并以 Windows 或 macOS 为运行环境进行操作。

---

① 参见吴江《社会网络的动态分析与仿真实验——理论与应用》，武汉大学出版社，2012。

（2）行动者

合计120个。其中，政府部门等80个，志愿者或慈善组织40个。

（3）二值化处理

对样本资料进行分类划归和数据编码，再依据编码后形成的组织间互动记录矩阵进行二值化处理。根据组织间互动记录建立邻接矩阵，若组织间直接连接数高于矩阵表内总连接数的平均值即认为两组织有直接连接，在矩阵中相交位置数值被定义为"1"，反之则认为两组织之间没有直接连接关系，在矩阵中相交位置数值被定义为"0"，将二值化后的矩阵输入软件。

（4）图示结果（见图5－7）

通过软件指令选取网络密度、相关中心度等指标对玉树地震应急救灾协同的社会网络关系进行可视化展示（常规测量指标说明见表5－4）。

表5－4　社会网络关系常规测量指标说明

评估维度	评估内容	测量指标	指标内涵
结构关系	网络中各节点间联系的紧密程度	网络密度	指整个网络联系的紧密水平
	网络中成员互相沟通程度	接近中心度	测算各组织在网络中的中心地位
	网络中的节点连接数量	节点中心度	通过网络中节点连接的数量计算各组织在网络中的地位
网络领导层	确定网络领导层控制信息流动权力的大小	中介中心度	指组织成为中介的程度，中介性越强的组织控制信息流动的权力越大
关键成员支持	确定网络内部关键成员并探究其对周围其他组织的影响力	程度中心度	程度中心度越高其在网络中的重要性越大
		特征向量中心度	测量某一组织与网络中绝对中心组织之间的远近关系，数值越大表明其与中心组织关系越密切，具有更多优势

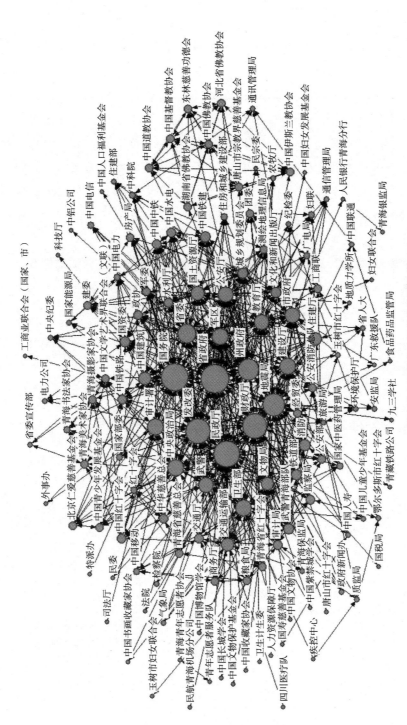

图 5—7 玉树地震应急救灾协同的社会网络关系

3. 指标分析

（1）网络密度（见表 5 - 5）

表 5 - 5　网络密度及最短路径测量结果

距离
平均距离（可达到的对比组）＝2.459
由距离决定的内聚力（"紧密度"）＝0.454
（范围 0 到 1；数值越大表示内聚力超强）
距离加碎片（"幅度"）＝0.546

（2）点的接近中心度（见表 5 - 6）

表 5 - 6　点的接近中心度测量结果

序号	行动者	紧密度
1	省政府	61.026
2	民政厅	59.799
3	党中央、国务院	59.5
4	财政厅	58.911
5	发改委	57.488
…	……	…
118	食品药品监管局	30.435
119	省委宣传部	28.537
120	银监局	25.925

（3）图的接近中心度（见表 5 - 7）

表 5 - 7　图的接近中心度测量结果

程度中心度		中介中心度		特征向量中心度	
行动者	中心度	行动者	中介性	行动者	特征向量
省政府	56	民政厅	1231.151	省政府	0.281
民政厅	51	州政府	897.596	党中央、国务院	0.255
党中央、国务院	47	党中央、国务院	875.749	发改委	0.252
财政厅	47	财政厅	793.111	财政厅	0.252

续表

程度中心度		中介中心度		特征向量中心度	
行动者	中心度	行动者	中介性	行动者	特征向量
发改委	43	地震局	775.006	民政厅	0.243
地震局	35	省政府	536.455	地震局	0.21
……	…	……	…	……	…
玉树市妇女联合会	1	检察院	0	食品药品监管局	0.003
工商业联合会（国家、市）	1	中国电信	0	省委宣传部	0.003
中国机械工业联合会	0	房产局	0	银监局	0

4. 结果分析

一是省政府图示的程度中心度数值最高，其在社会网络关系中参与程度最高，重要性也最大。其他政府部门在地震应急救援社会网络关系中也占有较大比重，说明政府部门在应急响应过程中的中心地位。

二是省政府和党中央、国务院图示的特征向量中心度数值较高，发改委、财政厅、民政厅、地震局等特征向量中心度数值次之，其他部门的特征向量中心度数值较低，说明占据信息、资源的组织之间互动密切，其余组织则较少有机会接触关键信息，更加倾向于执行决策。

三是图示结果显示民政厅、财政厅、地震局及政府部门在网络中扮演管理组织者角色，拥有较低限制度和较高有效规模值，与其他部门或社会组织相比行动能力更强。

四是图示结果显示省政府是网络中接近中心度数值最高的行动者，这也表明其在获得信息资源等方面路线最短且速度最快，其他部门或社会组织较多地依赖于接近中心度数值较高的行动者收集的信息，其信息获取速度较慢。

第六章　青藏高原地震应急管理政府与社会协同政策建议

一　青藏高原地震灾害应急综合救援队伍建设

青藏高原高寒缺氧，自然条件艰苦，而且灾种多、灾情急，建立高寒复杂环境下的地震应急综合救援队伍势在必行。亦是说，青藏高原地震应急综合救援队伍是建立在分级响应和职能导向基础上，适应高原地震及其衍生灾害的国家应急与地方应急流程一体化，兼有搜救、医疗、防疫、抢险、监测等功能的新型救援队伍。它由国家应急救援队伍、地方应急救援队伍和社会应急救援队伍等协同构成。

（一）国家应急救援队伍

国家应急救援队伍是根据经济社会发展需要和防灾减灾救灾战略部署，在党中央和国务院统一领导下发生重特大地震灾害时或在特殊情况下支援地方抗震救灾的综合性应急救援力量。其内容包括应急救援队伍构成、应急救援队伍响应、应急救援队伍管理、应急救援队伍建设等要素。

1. 应急救援队伍构成

国家应急救援队伍由先期救援力量和应急救援力量组成，是由航空侦察队伍、机场保障队伍、通信保障队伍、专业救援队伍、部队救援队伍、医疗救援队伍、基础设施救援部门、监测救援部门、法律服务部门、企事业单位、志愿者等政府、部队和社会力量共同构成的联动系统。其主要承担着灾情航空侦察、机场及通信保障、搜救幸存者和被困者、伤病救治和卫生防疫、关键基础设施抢修保障、地震现场监测分析、治安管理与涉灾法律服务、志愿服务等职能任务，并与地方应急救援队伍协同开展地震应急救援工作。

2. 应急救援队伍响应

发生重特大地震灾害时由省级政府向国务院提出Ⅰ级应急响应建议并经国务院启动的、国务院直接启动Ⅰ级响应的、经灾区省级政府请求或有关部委建议需要国家帮助支持的，以及地震发生在边疆或少数民族地区等特殊情况的，均需国家应急救援队伍实施应急救援。特大地震灾害国家应急救援队伍响应分为先期响应和应急响应，先期响应主要是地震初期进行的灾情航空侦察和机场及通信等的保障服务，应急响应是在先期保障服务基础上进行的抢险救援和医疗救治及恢复重建等综合处置。重大地震灾害启动Ⅱ级应急响应的，由国家应急救援队伍根据实际需要进行紧急抢险救援、协调部队救援、救灾物资调运、医疗救治和卫生防疫、抢修基础设施等某一方面或多个方面的应急响应，支持帮助或直接参与地方地震应急救援。

3. 应急救援队伍管理

国家应急救援队伍实行日常管理与灾时管理相结合的管理方式。国家应急救援队伍日常管理是建立在国家灾害分类管理和灾害风险管理体制机制基础上，对各地震应急救援力量所具有的专业技能及防震减灾公共服务进行的常态化管理或专门化管理。其职能主要包括灾害风险监测、灾情研判分析、防灾减灾制度建设、防灾减灾人才队伍建设、防灾减灾医疗服务、防灾科技装备建设、防灾基础设施建设、综合防灾减灾社区建设等内容。旨在通过灾前的预防管理及灾政公共服务加强对地震灾害的防范适应能力，并通过行政的、法律的和经济的途径保障国家应急救援队伍日常管理措施的有效实施。

国家应急救援队伍灾时管理是建立在"一案三制"基础上，对各地震应急救援力量紧急响应灾害及相关抢险救灾事务进行的临时性管理或综合性管理。其职能主要包括灾害先期响应、紧急抢险救援、应急医疗救治与卫生防疫、应急物资与基础设施保障、应急恢复重建与社会管理、应急志愿服务管理等内容。旨在通过灾时的应急管理及抗震救灾活动提升对地震灾害的应对处置能力，并通过综合的、系统的和规范的途径保障国家应急救援队伍灾时管理的有效实施。

4. 应急救援队伍建设

国家应急救援队伍建设主要包括思想建设、制度建设、专业建设、保障建设和志愿建设等内容。思想建设是对救援队伍贯彻新时代中国特色社会主义思想与党和国家各项方针政策，以及加强防灾减灾救灾能力建设和建立科学高效自然灾害防治体系，实现"两个一百年"奋斗目标和中华民族伟大复兴中国梦战略决策重要性的认识建设。制度建设是对救援队伍开展灾害应急响应及破除体制机制障碍，提升抢险救灾工作系统规范性的规则建设。专业建设是对救援队伍灾害应急救援专业素质及防灾减灾救灾人才队伍复杂环境适应性的能力建设。保障建设是对救援队伍灾害应急抢险科技装备及救灾工作有序推进的支撑建设。志愿建设是对社会力量发挥公益精神及在政府引导下积极参与抗震救灾志愿服务的社会责任建设。

（二）地方应急救援队伍

地方应急救援队伍是根据灾害属地管理职能和灾害应急响应机制，在地方党委和政府领导下承担本行政区域抗震救灾职能的综合性应急救援力量。其中，省政府是特大和重大地震灾害的应急救援主体，州（市）、县（市、区）政府是较大和一般地震灾害的应急救援主体。

1. 应急救援队伍构成

地方应急救援队伍由紧急处置力量、信息研判力量和应急救援力量组成，是由基层搜救队伍、群众搜救队伍、综合抢险队伍、震情灾情续报队伍、应急医疗和卫生防疫队伍、基础设施抢修队伍、次生灾害监测队伍、志愿服务管理队伍、信息发布管理队伍、灾情调查评估队伍等政府、部队和社会力量共同构成的联动系统。其主要承担基层应急抢险、震情灾情上报、掩埋人员搜救、应急医疗与卫生防疫、生命线与基础设施抢修、现场震情监测、水库电站排险加固、社会治安服务、志愿服务等职能，并与国家应急救援队伍协同开展地震应急救援工作。

2. 应急救援队伍响应

地方应急救援队伍由省级应急救援力量、市级应急救援力量、县级应急救援力量组成，他们分别负责特大和重大地震灾害、较大地震灾害、一般地震灾害的应急救援，地震发生在边疆或少数民族地区等特殊情况的适当提高响应级别。其中，特大和重大地震灾害地方应急救援队伍响应分为基层响应和支持响应，基层响应是地震初期基层干部群众和驻地部队进行的自救互救和紧急抢险，支持响应是在基层响应基础上根据下级请求或实际需要由地方上级救援力量对基层救援力量进行的支持援助和统筹救灾。较大和一般地震灾害地方应急救援队伍响应分为专业响应和指导响应，专业响应就是由地震抢险队伍、医疗卫生队伍、消防队伍等救灾力量进行的人员搜救和应急恢复，指导响应就是地方上级救灾专业技术力量或物资保障力量对下级抗震救灾各项工作提供的业务指导和救灾建议等。同时，地方应急救援队伍在党中央和国务院统一领导下通过属地管理、分级负责和快速响应等方式保证其职能目标实现。

3. 应急救援队伍管理

地方应急救援队伍实行部门管理和综合管理相结合的管理方式。地方应急救援队伍部门管理是指专业救灾队伍依据职能属性由政府部门或其隶属单位进行的规范化管理或职能化管理。其职能主要包括救灾队伍组建培训、救灾装备日常维护管理、救灾科技平台建设维护、组织救灾模拟演练、防灾救灾制度建设、人员岗位职责管理等内容，旨在通过灾前的专业管理及防灾救灾队伍能力建设提升对地震灾害的防范准备能力，并通过日常的、专门的和系统的途径保障地方应急救援队伍部门管理的有效实施。

地方应急救援队伍综合管理是指破坏性地震或灾害事件应急响应阶段由抗震救灾指挥部门对专业救灾队伍进行的统筹性管理或整合性管理。其职能主要包括救灾队伍应急响应管理、灾害初期搜救抢险、震情灾情信息报送、综合应急抢险救援、应急医疗与卫生防疫、基础设施抢修保障、灾区社会治安管理、志愿服务管理等内容，旨在通过灾时的统筹管理及抗震救灾活动加强对地震灾害的应对处置能力，并通过临时的、协作的和扁平化的途径保障地方应急救援队伍综合管理的有效实施。

4. 应急救援队伍建设

地方应急救援队伍建设由总体建设和专项建设构成。总体建设是对专业救灾队伍综合能力素质的考量要求，包括思想建设、制度建设、专业建设等内容。思想建设是对救援队伍加强新时代中国特色社会主义理论学习，落实党和国家防灾减灾救灾改革部署，坚持以人民为中心的发展思想，推动灾害救援现代化的认识建设。制度建设是对救援队伍加强地震灾害抢险救援能力与基层灾害应急能力的地方性政策或法制保障。专业建设是对救援队伍抢险救援专业素质及防灾减灾救灾人才队伍的支撑保障。

专项建设是对专业救灾队伍应用能力素质的考量要求，包括保障建设、演练建设、经验建设等内容。保障建设是对专业救灾队伍抢险救灾科技装备及后勤维护服务的支撑建设。演练建设是对专业救灾队伍抢险救灾模拟演练及灾情复杂环境操作流程的熟悉程度建设。经验建设是对专业救灾队伍长期参与地震灾害应急救援及抗震救灾活动取得成效或改进措施方面的案例总结。

（三）社会应急救援队伍

社会应急救援队伍是根据救灾社会参与属性和应急救援市场供给机制，依法组建的协助政府或部队承担地方或基层灾害应急事务的专业化或综合化应急救援力量。其主要包括志愿性应急救援力量和服务性应急救援力量。

1. 志愿性应急救援力量

即根据法律法规由公民自愿结成的为实现共同意愿依法登记注册备案及按照其章程提供防灾救灾公益服务的社会组织。

（1）志愿性应急救援队伍构成

志愿性应急救援队伍由专业性救援力量和综合性救援力量构成。专业性救援力量是主要从事地震等破坏性灾害的人员搜救、医疗救护、卫生防疫、心理疏导、生活救助、运输保障等专项应急救援活动的社会组织。综合性救援力量是主要从事突发事件应急抢险或多种灾害紧急救灾等复杂应急救援活动的社会组织。

（2）志愿性应急救援队伍响应

志愿性应急救援队伍响应是在政府引导统筹下根据救灾需求或灾区环境承载力进行有序参与的社会力量应急救援响应，其大体分为就近响应、区域响应和全国响应等形式。就近响应是地震灾害发生地方或基层志愿救援队伍依据效率优先原则参与初期抢险减灾或后期应急救灾活动，区域响应是地震灾害地方志愿救援不足时由邻近地区兼顾效率资源优势参与应急救灾活动，全国响应就是地震灾害区域志愿救援不足或出现特殊情况时由其他省区兼顾效率资源优势参与应急救灾活动。

（3）志愿性应急救援队伍管理

志愿性应急救援队伍实行日常管理和救灾管理相结合的管理方式。日常管理是对应急救援志愿组织的组建及综合能力建设的监督管理，旨在通过灾前专业培训提高志愿救援队伍自身素质，其主要包括登记管理、业务管理和自我管理等内容。登记管理是各级民政部门对其组织名称、章程、机构、从业人员等进行的审核管理，业务管理是各级地方政府有关部门或授权组织对其组织申请、发起人、内容、主管单位等进行的审查管理，自我管理是在登记管理和业务管理的基础上由该组织对其人员技能、专业、任务等进行的内部管理。救灾管理是在政府主导指挥下利用社会力量在科技、资金、装备等优势参与开展灾害应急救援服务，旨在通过灾时补充救灾缓解灾害对灾区经济社会的冲击。

（4）志愿性应急救援队伍建设

志愿性应急救援队伍建设由自律建设和他律建设构成。自律建设是志愿救援队伍根据组织章程或志愿精神对其自身素质及防灾救灾规范的建设，其内容涉及思想建设、业务建设和保障建设等方面。他律建设主要是各级民政部门或有关部门等对志愿救援队伍日常演练活动或应急救灾活动的依法监督管理，其内容涉及政策支持、法制建设和宣传教育等方面。

2. 服务性应急救援力量

即根据经济社会发展和应急救援伙伴需要由企业或社会工作者依法通过市场机制提供社会化救援有偿服务的社会组织。

（1）服务性应急救援队伍构成

服务性应急救援队伍提供的服务包括社会化救援服务和中介化救援服务。社会化救援服务是由企业自建救援队或社会工作救援队在政府部门、企事业单位、社会组织、家庭及个人等遭遇突发事件或紧急灾害时，为减轻危害通过合同约定形式提供的救援有偿服务。中介化救援服务是由评估机构、行业协会、咨询机构等对单位、社区、车站、学校等人群密集区、商业区及重点部位通过委托代理形式提供的风险监测、隐患排查、风险评估、培训教育等救援中介服务。

（2）服务性应急救援队伍响应

服务性应急救援队伍响应是建立在法制框架和契约基础上根据合同约定或服务协议履行应急救援权利义务的服务响应，其大体分为评估响应、救援响应、保险响应等形式。评估响应是由第三方机构对企事业单位或社区的灾害风险隐患进行的排查监督或事前防范准备。救援响应是专业救援队通过合同或购买方式对企事业单位、社区或个人灾时进行的紧急救援或事中应对处置。保险响应是各类保险机构通过合同方式对家庭或个人灾后进行的损失理赔或事后安置服务。

（3）服务性应急救援队伍管理

服务性应急救援队伍实行内部管理和外部管理相结合的管理方式。内部管理是企业自身依法对社会化救援服务的组织流程、技能培训和服务合同等进行的业务管理。外部管理是政府部门或授权机构对社会化救援或中介代理服务的准入资格、业务范围和制度规范等进行的监督管理。

（4）服务性应急救援队伍建设

服务性应急救援队伍建设由质量建设和形象建设构成。质量建设是专业救援机构根据国家应急救援标准规范或经济社会客观需要对社会化救援服务能力的建设，其内容涉及知识储备、装备建设和标准建设等方面。形象建设是专业救援机构在兼顾经济成本与社会效益前提下以防灾减灾社会责任或维护共同体利益为己任的组织形象建设，其内容涉及义务宣传、爱心救助和德性建设等方面。

二　青藏高原地震灾害应急物资管理制度建设

青藏高原地震灾害应急物资包括生活物资、医疗物资、保障物资等类型。大量救灾物资从四面八方涌入灾区，只有科学规范地管理发放才能为抗震救灾工作提供坚实保障。地震灾害应急物资管理由地震应急物资运输管理、地震应急物资存放管理和地震应急物资发放管理等内容构成。

（一）地震应急物资运输管理

地震应急物资运输管理是指各类救灾物资在进入地震事发的省、市、县、乡镇及到达灾区运输过程中进行的维护保障服务。其主要包括救灾物资运输管理和救灾物资通行管理两方面内容。

1. 救灾物资运输管理

即对装载于火车、汽车、飞机等运输工具上的各类救灾物资的数量、质量、组件、包装的完好无损性、保质保鲜性和功能正常性等的安全保障管理。其内容包括救灾物资防火防盗、救灾物资防腐防化、救灾物资防损防坏等方面。

救灾物资防火防盗即在跨地区长途运输中沿线各级地方政府及应急管理部门、消防救援部门、公安部门为防范救灾物资遭火灾或盗窃等意外事故所实施的安全维护措施。为此，一方面，基层政府或居民社区要对沿线灾民开展教育疏导，使得灾民群众正确认识救灾物资用途的轻重缓急与主次先后，积极协助配合救灾物资安全通行。另一方面，公安部门要及时对恣意妄为堵截哄抢救灾物资的违法活动或极端破坏行为进行依法惩处，从而依法保障救灾物资有序通行。

救灾物资防腐防化即在跨地区长途运输中沿线各级地方政府及食品药品监督管理部门、安全生产监督管理部门、疾病预防控制中心为防范救灾物资遭腐坏或污染等意外事故所实施的安全维护措施。为此，一方面，地方各级交通管理部门要开辟绿色通道或专用通道优先保障救灾物资便捷快速通行，以免积压延误，影响其功效。另一方面，地方政府部门要组建救灾物资专项维保小组，运用信息、通信与网络等现代高新技术，通过定点服务或流动服务对运往灾区的救灾物资提供科技保障。

救灾物资防损防坏即在跨地区长途运输中沿线各级地方政府及交通管理部门、气象部门、保险监督管理部门为防范救灾物资遭破损或毁坏等意外事故所实施的安全维护和保险理赔措施。为此，一方面，地方各级交通管理部门或气象部门要及时发布通往灾区的路况信息或天气预报，减少因道路不熟悉或气候多变发生事故导致救灾物资损毁。另一方面，地方政府部门要实行救灾物资分级转运机制，即灾区省会城市设置转运中心将各地救灾物资合理有序分转到地区中心城市的转运部，然后转运部根据需要将救灾物资运送到灾区所在城镇接收站或灾民安置点的三级转运方式，从而防止各地救灾物资不分轻重缓急盲目运往灾区造成混乱无序。

2. 救灾物资通行管理

即对各地紧急驰援灾区及承担赈灾救灾物资运输功能的车辆的行驶、补给、救援、通关等的优先保障性、服务便捷性和衔接有序性等的通行保障管理。其内容包括运输车辆安全驾驶、运输车辆保障维护、运输车辆通关服务等方面。

运输车辆安全驾驶即交通公安管理部门对救灾物资运输驾驶人员的资格、经验、体能、精力等的审核检查与安全督导措施，旨在保障救灾物资安全抵达灾区。为此，一方面，承运单位要开展对驾驶员的高原缺氧环境安全驾驶知识培训，使驾驶员熟悉适应高原车辆驾驶特殊性。另一方面，承运单位要合理配备驾驶人员、医疗设备、通信设备和应急设备等，保障长途驾驶安全可靠。

运输车辆保障维护即承运单位对救灾物资运输车辆的机械、电能、灯光、固件等关键部位的维护检查与更新保障措施，旨在保障救灾物资运输车辆安全操作。为此，一方面，承运单位平时要注重对车辆的养护检查，若有紧急救灾任务则能够从容响应。另一方面，长途运输沿线地区车辆维护企业要对临时或紧急需要检查维修的运输车辆给予特殊援助服务或志愿服务，以保障救灾物资运输车辆安全运行。

运输车辆通关服务即交通运输管理部门对救灾物资运输车辆跨地区通过收费站、检查站等道路关卡时的特殊通行与便捷服务措施，旨在保障救灾物资运输车辆及时通行。为此，一方面，各地方应出台救灾物资应急免费往返通行制度文件，确保应急物资运输车辆优先通过。另一方面，有关部门应对承运单位救灾物资运输车辆实行应急免费申报制度，以保障救灾物资运输车辆信息化通行。

（二）地震应急物资存放管理

地震应急物资存放管理是指各类救灾物资抵达灾区以后及在应急救灾过程中对物资分类存放与现场保管任务的监督检查服务。其主要包括特殊物资存放管理和一般物资存放管理两方面内容。

1. 特殊物资存放管理

即对应急救灾急需医用品、食用品、庇护物等生命线物资的安全存放及科学有序管理。为此，一方面，抗震救灾指挥部门要根据地震部门、自然资源部门等发布的震情信息选取开阔、平整、通风、便捷的适宜场地存放物资并配备专人进行登记管理。另一方面，抗震救灾指挥部门要会同应急部门、民政部门等统一接收管理社会捐赠物资，通过分级转运机制有序调度救灾物资，以避免救灾物资盲目涌入灾区造成混乱无序。

2. 一般物资存放管理

即对应急救灾必需器材工具、辅助设备、基建材料等保障物资的安全存放及科学有序管理。为此，一方面，抗震救灾指挥部门要根据灾区实际情况选取场地将一般物资与特殊物资分开存放并配备专人进行登记管理。另一方面，抗震救灾指挥部门要会同自然资源部门、住建部门等科学规划震后重建项目，通过分批建设机制合理分配基建物资进入灾区的物流储能，以避免重建物资大量涌入灾区造成道路拥堵。

（三）地震应急物资发放管理

地震应急物资发放管理是根据救灾物资功能用途及时对灾民提供的发放运送服务。其主要包括集中发放管理和分散发放管理两方面内容。

1. 集中发放管理

即对灾区临时安置点、应急避难点、村镇街道等灾民相对集中场地进行的生产生活物资发放管理。为此，一方面，抗震救灾指挥部门应会同公安部门充分运用法制手段依法惩处哄抢盗骗救灾物资的违法行为，从制度上保证灾时应急物资规范有序发放。另一方面，抗震救灾指挥部门应会同应急部门、民政部门等统一开展救灾物资发放工作，各类社会组织或个人进行的慈善救助活动也必须在政府指导下进行。

2. 分散发放管理

即对灾区被困人员、零散人员、山区人员等相对分散灾民进行的生产生活物资发放管理。为此，一方面，抗震救灾指挥部门应会同交通运输部门、救援部队等通过空中运送形式及时将救灾物资投放到灾民手中，保证灾民灾后基本生活免受中断影响，使其更加坚定信心走出震害阴霾。另一方面，抗震救灾指挥部门应会同广电部门、电信企业等通过电台广播、手机短信或其他形式及时向灾民发布救灾物资投放地点与投放数量信息，积极发挥灾民自救互救能动作用以实现救灾物资自主管理。

三 青藏高原震后恢复重建协同支援体系建设

青藏高原震后恢复重建涉及经济社会民生等诸多领域，是一项时间紧、任务重、要求高、影响大的应急救灾工作，多层次综合协同支援是保证震后恢复重建有序推进的必然选择。它由基础设施恢复重建协同支援、公共服务恢复重建协同支援、民生保障恢复重建协同支援等内容构成。

（一）基础设施恢复重建协同支援

基础设施恢复重建协同支援是为保障灾区生产生活有序运转实施的防抗工程建设支援，它是建立在灾后统一重建规划基础上政府、企业、社会等方面对灾区进行的人才技术资金等重建支援形式。其主要包括道路设施重建支援、通信设施重建支援、能源设施重建支援等内容。

1. 道路设施重建支援

即对灾区公路、铁路等路网设施及其桥梁、涵洞、隧道等配套设施进行的改建或重建援助。为此，一方面，中央政府应通过国家支援形式开展对灾区道路生命线工程的财政援助，以保障道路基础设施的先导支撑作用。另一方面，地方政府应通过对口支援形式开展对灾区道路生命线工程的建设援助，以保障恢复工程建设人才技术支持及施工任务保质保量完成。

2. 通信设施重建支援

即对灾区通信、广播、邮政等线路设施及其基站、设备等配套设施进行的改建或重建援助。为此，一方面，行业部门应通过业务支援形式开展对灾区通信服务的技术援助，以保障通信基础设施桥梁枢纽作用。另一方面，政府部门应通过政策支援形式开展对灾区通信服务的制度援助，以保障优先建设审批或土地征用等公共服务支持及基层网点合理部署。

3. 能源设施重建支援

即对灾区电力、天然气、煤炭、成品油等输送设施及其变电站、机房、储备罐等配套设施进行的改建或重建援助。为此，一方面，主管部门应通过专项支援形式开展对灾区能源供给的生产援助，以保障能源基础设施的骨干支撑作用。另一方面，监督部门应通过执法支援形式开展对灾区能源供给的经营援助，以保障商业利益或合法竞争等市场支持及城乡有序供给。

（二）公共服务恢复重建协同支援

公共服务恢复重建协同支援是为保障灾区政府职能有序运转实施的综合保障建设支援。其主要包括基本服务重建支援、文化服务重建支援、社会服务重建支援等内容。

1. 基本服务重建支援

即对灾区教育、医疗、疾控、就业等硬件服务及人才、科技等软件服务进行的改建或重建援助。为此，一方面，职能部门应通过资金支援形式开展对灾区公共服务设施的建设援助，以保障公共服务设施的前提基础作用。另一方面，行业部门应通过人才支援形式开展对灾区公共服务功能的技术援助，以实现其系统运转的服务支持及全面质量目标。

2. 文化服务重建支援

即对灾区广播电视、新闻出版、文物场馆、遗址遗产等场地设施及其抢救、修复、维护等保护措施进行的改建或重建援助。为此，一方面，主管部门应通过项目支援形式开展对灾区文化服务场地的建设援助，以保障文化服务场地的涵养、辐射作用。另一方面，民间部门应通过志愿支援形式开展对灾区文化服务工程的智力援助，以实现其社会支持及共享发展目标。

3. 社会服务重建支援

即对灾区社会治安、安全消防、食卫监督、社区服务、福利救助等机构设施及其周转、恢复等基层服务进行的改建或重建援助。为此，一方面上级部门应通过重点支援形式开展对灾区社会服务机构的专业援助，以保障社会服务机构有序运转。另一方面，群团部门应通过人力支援形式开展对灾区社会服务机构的组织援助，以实现其联系群众及服务基层目标。

（三）民生保障恢复重建协同支援

民生保障恢复重建协同支援是为保障灾区市场供给有序运转实施的后勤保障建设支援。其主要包括生活保障重建支援、生产保障重建支援、储备保障重建支援等内容。

1. 生活保障重建支援

即对灾区商业服务、物流服务、城乡供销等商贸设施及其组织、供给等便民服务进行的改建或重建援助。为此，一方面，政府部门应通过财税优惠形式开展对灾区商业流通服务的政策援助，以保障灾民生活不受影响。另一方面，企业组织应通过价格优惠形式开展对灾区商业流通服务的经营援助，以实现其服务民生目标。

2. 生产保障重建支援

即对灾区农业生产、工业生产、旅游服务等所需基本资料及其组织、供给等保障服务进行的恢复重建援助。为此，一方面，生产企业应通过紧急订单形式开展对灾区生产资料供给的直接援助，以保障灾区生产资料市场供需平衡。另一方面，销售企业应通过集中采购形式开展对灾区生产资料供给的间接援助，以实现其及时响应及流通服务目标。

3. 储备保障重建支援

即对灾区粮食、食用油、蔬菜、帐篷、衣物等应急物资储备及其物流、冷鲜等科技服务进行的改建或重建援助。为此，一方面，中央政府应通过国家储备形式开展对灾区应急物资储备的顶层援助，以发挥国家应急物资储备的核心压舱石作用。另一方面，地方政府应通过地方储备形式开展对灾区应急物资储备的配套援助，以发挥地方应急物资储备的拾遗补阙作用。

四　青藏高原地震灾害应急医疗协同体系建设

青藏高原地震灾害应急医疗是减轻震害伤亡损失与维护群众生命健康的坚实后盾，它是建立在我国医疗体制基础上集预防医疗、应急医疗、常规医疗于一体，公立机构与民营机构相结合，以专业队伍与科技设备为支撑的综合保障体系。它包括属地应急医疗保障、部门应急医疗保障、支援应急医疗保障等内容。

（一）属地应急医疗保障

属地应急医疗保障是指地方政府在其辖区内建立的基于"省 - 市 - 县 - 乡"分级负责、公立医疗机构和民营医疗机构分类实施、现场救治与转诊救治分工合作的应急医疗体系。它是在本行政区域内调动各种医疗资源为减轻地震对民众生命健康危害所提供的医疗保障服务。其主要包括紧急救护医疗保障、伤残疾病治疗保障、卫生疾控防疫保障等内容。

1. 紧急救护医疗保障

即对地震中受伤受难灾民进行的紧急治疗处置及先期医疗救援，是保障灾区基本公共医疗服务不受地震影响中断的灾初医疗响应机制。为此，一方面，抗震救灾指挥部门应会同省市医疗机构通过派精兵强将组成的医疗救援队紧急赶赴地震灾区开展先期医疗救护及伤病人员转移治疗活动，充分利用灾后黄金救援期为灾民提供紧急医疗援助，保证灾区群众灾时基本医疗需求。另一方面，抗震救灾指挥部门应会同当地政府与医疗机构通过组建基层医疗救援组织、开辟临时场地开展力所能及的伤病救护和其他紧急医疗活动，充分利用当地的各种医疗资源提供救灾医疗服务，为灾区医疗机构恢复运转提供前期保障。

2. 伤残疾病治疗保障

即对地震伤残伤病灾民进行的综合治疗处置及应急医疗救援，是保障灾区医疗基本公共服务系统有序运转的灾时医疗响应机制。为此，一方面，抗震救灾指挥部门应会同灾区医疗救援队通过异地治疗形式将重伤灾民移送省市医疗机构进行系统专业治疗，充分利用本地的先进医疗资源为灾民提供应急医疗服务。另一方面，抗震救灾指挥部门应会同本地的其他医疗机构通过智能科技和远程治疗形式对中轻度伤病灾民进行专家指导治疗，充分利用现代科技手段辅助开展远程医疗服务，最大限度整合各类社会资源积极参与到灾区的应急医疗救援活动中。

3. 卫生疾控防疫保障

即对地震灾区卫生污染与疫病疫情进行的预防控制及应急响应处置，是保障灾区卫生防疫公共服务及时科学运转的灾后医疗响应机制。为此，一方面，抗震救灾指挥部门应会同卫生防疫部门对灾民饮用水、灾民安置点、临时卫生设施、重点场地等进行防腐消毒及污染监测，充分利用先进标准提供疾控医疗服务，以保证灾区公共卫生环境健康安全。另一方面，抗震救灾指挥部门应会同卫生防疫部门对灾民传染病、突发流行病、典型地方病等进行预防控制及风险监测，充分利用专业技术提供防疫医疗服务，以保证灾区疫病防控科学有效。

（二）部门应急医疗保障

部门应急医疗保障是指国家医疗部门在其系统内建立的基于中央与地方的分级联动、初期医疗救援与应急医疗救援分期实施、医疗救护与心理健康及卫生防疫分类实施的应急医疗体系。它是国家医疗部门调动本系统各种医疗资源为减轻地震对民众生命健康危害所采取的医疗保障服务。其主要包括现场救护医疗保障、后方救护医疗保障、后续康复医疗保障等内容。

1. 现场救护医疗保障

即对地震灾区紧急伤员进行的现场治疗处置及快速医疗救援，是保障破坏性地震初期灾民外伤感染能够得到及时抢救处理的急救医疗响应机制。为此，一方面，应在国务院抗震救灾指挥部门领导下，紧急组建国家医疗救援队先期赶赴灾区会同地方医疗救援队开展地震现场救治活动，发挥国家医疗救援的强大资源力量为灾民提供应急医疗服务，保障群众生命健康安全。另一方面，国家医疗救援队可运用车载手术室或移动治疗室等新型医疗设备开展现场包扎急救活动，充分利用灵活便捷的移动医疗技术提供地震现场医疗救援服务。

2. 后方救护医疗保障

即对地震灾区急重疑难伤病进行的异地治疗处置及综合医疗救援，是在震后医疗条件受限或伤病灾民无法现场治疗情况下及时将其转移到非灾区入院医治的医疗响应机制。为此，一方面，国家医疗救援队应与非灾区大型医院通过绿色通道转移医治伤病灾民，使现场急救与后方续救形成一体化组合机制，运用各种交通工具保障医疗救援效率。另一方面，应适时组建国家医疗赈灾专家组赴各地医疗机构开展地震医疗救护业务指导咨询，充分发挥专家智库经验保障应急医疗救援顺利实施。

3. 后续康复医疗保障

即对地震灾区伤残或精神疾患进行的康复治疗指导及恢复医疗救援，是帮助术后留治检查或长期治疗病人解除思想包袱尽快融入常态生活的康复医疗响应机制。为此，一方面，抗震救灾指挥部门应会同后方医疗机构通过医疗与心理等多方面康复治疗措施，使伤病人员痊愈。另一方面，抗震救灾指挥部门应会同后方医疗机构根据救灾进展情况，利用门诊病床或家庭病床将基本痊愈伤病人员分批转送回当地并由相应医护人员进行指导，既减轻了医院床位负担又有利于病人与医护人员沟通。

（三）支援应急医疗保障

支援应急医疗保障是指在党中央和国务院统筹指挥的基础上灾区与非灾区之间建立的地区部门单位分层联动、震时与震后分段实施、地方救护与支援救护分工合作的应急医疗体系。其主要包括对口支援医疗保障与区域支援医疗保障。

1. 对口支援医疗保障

即震后发达地区向灾区提供紧急医疗救护、转移收治伤残病人、灾后医疗恢复重建等系统支持援助及跨地医疗服务，是保障发达地区医疗资源向灾区合理流动的联动医疗响应机制。为此，一方面，支援地区与受援灾区应建立灾前人才交流机制，通过"请进来""走出去"方式帮助受援方开展医学专业队伍建设，发挥其科技优势支援灾区应急医疗建设。另一方面，支援地区与受援灾区应建立灾时恢复重建机制，通过点对点、面对面方式帮助灾区开展医疗基础设施建设，使其尽快服务于灾区医疗卫生事务。

2. 区域支援医疗保障

即震后邻近省区向灾区提供医疗救援队、创伤外科诊治、医疗药品器械等方面辅助支持及应急医疗服务，是缓解灾区先期救护和创伤急诊需求的组合医疗响应机制。为此，一方面，支援省区与受援灾区应建立医疗救援合作机制，通过道路交通联网帮助灾区开展伤员转移运送以争取最佳治疗时机。另一方面，支援省区与受援灾区应建立医疗保障合作机制，通过病房设备资源为灾区开展伤员治疗康复工作提供便捷有利条件，减轻灾民长途转移治疗及生活照顾方面的各种负担。

五　青藏高原地震灾害应急慈善
救助法制建设

青藏高原地震灾害社会组织慈善救助是在党和政府统一领导下，社会组织发挥其广泛性、多样性、灵活性和专业性特点，依法组织动员群众力量协助政府开展公益型或志愿型抗震救灾活动。慈善救助既是"一方有难，八方支援"的民族精神的体现，又是有法可依、有法必依的法治精神的体现。目前，社会组织慈善救助法制建设主要包括志愿服务法制建设和公益捐赠法制建设两方面内容。

（一）志愿服务法制建设

志愿服务法制建设是指国家立法机构或行政机关对各类社会组织参与服务性救助活动及其监督管理的法制建设活动，即依据根本大法制定志愿服务方面的法律、法规、规章等规范性文件。

1. 志愿服务法律建设

即由全国人大及其常委会依照法定程序制定颁布的社会组织及其成员赴灾区现场或在后方参与救灾志愿服务的法律制度，是与现有社会组织慈善救助法律相配套的法律文件。为此，一方面，要在灾害管理法律和慈善管理法律等基础上进一步充实完善慈善救灾或志愿救灾方面的法律规定，使得《突发事件应对法》《防震减灾法》等法律在内容上更加全面细致，在实施过程中更加规范。另一方面，要适时制定颁布社会组织志愿救灾活动方面的法律规定，全面系统规定志愿救灾服务的形式范围及组织实施等内容，通过专门法律依法规范志愿救灾服务活动。

2. 志愿服务法规建设

即指国务院依据宪法和法律制定发布的社会组织志愿救灾服务方面的行政法规，以及省、自治区、直辖市以及较大的市的人民代表大会及其常委会根据本行政区域实际制定发布的社会组织志愿救灾服务方面的地方性法规。它们以"条例""规定"为名称形式。为此，一方面，要制定与现有《社会组织登记管理条例》相配套的社会组织志愿管理条例、社会组织救灾管理条例等行政法规体系，使社会组织的日常管理与任务管理都纳入法制轨道。另一方面，各地方应灵活制定社会组织志愿救灾实施细则或实施办法，使志愿活动与救灾实际需要相结合。

3. 志愿服务规章建设

即指国务院各部委及直属机构依据法律或行政法规制定的社会组织志愿救灾服务方面的部门规章，以及省、自治区、直辖市以及较大的市的人民政府依据法律、行政法规和地方性法规制定的社会组织志愿救灾服务方面的地方性规章。它们以"规定""办法"为名称形式。为此，一方面，主管部门应在对社会组织的业务审批规定中补充或追加有关志愿救灾活动备案登记的内容，通过业务审核规章制度进一步规范社会组织志愿救灾活动。另一方面，地方政府应及时制定对社会组织直接或间接开展志愿救灾活动的绩效评估办法，通过事中和事后监督管理规章制度对社会组织参与救灾路径方式进一步加以指导规范，保证灾区各项救灾工作顺利进行。

（二）公益捐赠法制建设

公益捐赠法制建设是指国家立法机构或行政机关对各类社会组织开展救灾募捐或慈善赈济等支援性活动及其监督管理的法制建设活动，即依据根本大法制定公益捐赠方面的法律、法规、规章等规范性文件。

1. 公益捐赠法律建设

即由全国人大及其常委会依照法定程序制定颁布的社会团体或基金会开展救灾款项募集与救灾物资捐赠等慈善活动方面的法律制度，是与现有公益事业捐赠法律相配套的法律文件。为此，一方面，应在现有慈善管理法或公益捐赠法基础上进一步充实完善对救灾募集款项监督管理方面的法律规定，使得《慈善法》《公益事业捐赠法》等法律在内容上更加全面细致，在实施过程中更加规范。另一方面，应制定颁布救灾捐赠款项等信息公开方面的法律规定，通过专门法律依法规范救灾捐赠慈善活动。

2. 公益捐赠法规建设

即指国务院依据宪法和法律制定发布的公益捐赠方面的行政法规，以及省、自治区、直辖市以及较大的市的人民代表大会及其常委会根据本行政区域实际制定发布的公益捐赠方面的地方性法规。它们以"条例""规定"为名称形式。为此，一方面，应制定接受社会捐赠或公益捐赠登记管理行政法规，使得社会捐赠在组织实施及日常管理方面更加规范。另一方面，各地方应根据实际情况制定对抗震救灾期间或特殊情况下慈善捐赠活动的规范性文件，使灾前公益捐赠活动与灾时公益捐赠活动有机联系，保证慈善捐赠活动健康有序发展。

3. 公益捐赠规章建设

即指国务院各部委及直属机构依据法律或行政法规制定的社会慈善捐赠方面的部门规章，以及省、自治区、直辖市以及较大的市的人民政府依据法律、行政法规和地方性法规制定的社会慈善捐赠方面的地方性规章。它们以"规定""办法"为名称形式。为此，一方面，主管部门应制定社会团体或基金会开展慈善公益活动的年度性或阶段性检验复核规章制度，及时指导规范其慈善捐赠活动，使之与法律法规或政策要求相适应。另一方面，主管部门应发布社会团体或基金会开展慈善公益活动的负面清单或黑名单，对违规开展活动的有关团体组织予以监督警告直至取缔其活动资格，对于违法活动根据法律法规追究其法律责任。

青藏高原地震应急协同机制建设是一项长期的系统工程，本研究对其应急综合救援队伍建设、应急物资管理制度建设、震后恢复重建协同支援体系建设、应急医疗协同体系建设、慈善救助法制建设等进行了优化改进，着重对政府主导与社会参与的关键协同路径进行了厘定，以期对地震灾害应急救援有所裨益。

结　语

灾害应急管理是国家治理体系与治理能力现代化建设、经济发展、社会长治久安以及巩固中国特色社会主义制度的重要基石。为此，党和政府对加强灾害应急管理能力及综合防治能力提出了新的要求，学术界还从不同层面对应急管理协调机制、应急救援合作机制等议题进行了探讨，产出了许多有代表性的研究成果。本书结合汶川地震、玉树地震等的地震灾害应急管理实际，着重对政府与社会协同机制的内在逻辑及制度建构进行了考察，对灾害应急管理能力建设提供可资借鉴的理论参考，研究得出如下结论。

灾害应急协同治理是加强党和政府与人民群众血肉联系及牢固树立以人民为中心的发展理念，不断满足人民群众对美好生活向往的需要的具体体现，也是落实国家防灾减灾救灾体制机制改革、鼓励社会力量参与应急救援、适应新时期经济社会发展需要及满足人民群众对防震减灾事业期望的现实抓手，是中国特色社会主义制度及举国救灾体制优越性的具体反映。

从中国经验看，灾害应对采取的是中央与地方相结合及条块结合的组织形式，即中央政府的统辖管理及其职能响应在灾害应对中发挥着领导指挥等职能，地方政府或基层政府的属地管理及其职能设置在灾害应对中承担着执行落实等职能，抑或是上级部门通过层级指令等方式调动指挥下级部门救灾活动，同级部门一般则是通过职责分工等方式开展救灾活动。这一组织模式及职能流程发挥了统一指挥与分工负责功能，并在长期实践过程中不断系统化。

　　另外，灾害应急管理是政府、社会、市场合作互补及共同参与应对的有序过程，通过应急救援协同关系提升国家重大灾害应急救援的软实力，形成政府、社会及市场的合力以减轻灾害影响。

参考文献

[1]《马克思恩格斯选集》第 1、3 卷，人民出版社，1972。

[2]《马克思恩格斯全集》第 42 卷、第 46 卷上，人民出版社，1979。

[3] 余潇枫：《非传统安全理论前沿》，浙江大学出版社，2020。

[4] 史培军：《综合灾害风险防范凝聚力理论与实践》，科学出版社，2020。

[5] 周芳检、熊先兰：《大数据背景下城市重大突发事件协同治理研究》，中国社会科学出版社，2020。

[6] 曹海峰：《新时代公共安全与应急管理》，社会科学文献出版社，2018。

[7] 王宏伟：《新时代应急管理通论》，应急管理出版社，2019。

[8] 王宏伟：《中国应急管理改革：从历史走向未来》，煤炭工业出版社，2019。

[9] 夏一雪：《应急管理——整合与重塑》，天津大学大学出版社，2019。

[10] 陶鹏：《灾害管理的政治：理论建构与中国经验》，复旦大学出版社，2018。

[11] 黄宏纯：《突发事件全面应急管理》，北京理工大学出版社，2018。

[12] 李雪峰：《应急管理通论》，中国人民大学出版社，2018。

[13] 陈颙：《地震灾害》，地震出版社，2018。

[14] 唐钧：《新媒体时代的应急管理与危机公关》，中国人民大学出版社，2018。

[15] 范维澄、闪淳昌等：《公共安全与应急管理》，科学出版社，2017。

[16] 朱正威、郭雪松等：《区域公共安全与应急管理协调联动机制研

究——基于陕西省的实证研究》，科学出版社，2017。

[17] 廖丹子：《非传统安全视角下的民防研究》，中国社会科学出版社，2017。

[18] 弓顺芳：《公共安全与应急管理理论与实践研究》，团结出版社，2017。

[19] 张登国：《我国公共安全体系建构研究》，山东大学出版社，2017。

[20] 刘嘉：《重大突发事件应急物资的准备与调度体系》，武汉大学出版社，2017。

[21] 徐华炳：《危机与治理：中国非传统安全问题与战略选择》，上海三联书店，2016。

[22] 陆亚娜：《重大突发事件应对——政府与非营利组织协作之道》，南京师范大学出版社，2016。

[23] 唐林霞：《地震灾害应急救援物资配置研究》，重庆出版社，2014。

[24] 韩俊魁、赵小平：《中国社会组织响应自然灾害研究：以2008年以来重特大地震灾害为主线》，社会科学文献出版社，2016。

[25] 谢俊贵：《灾变危机管理中的社会协同：以巨灾为例的战略构想》，中国社会科学出版社，2016。

[26] 申文庄、侯建盛、张勤编著《汶川特大地震现场应急工作》，河北人民出版社，2016。

[27] 马怀德编《非常规突发事件应急管理的法律问题研究》，中国法制出版社，2015。

[28] 马晓东：《三江源区生态危机治理研究》，西安交通大学出版社，2015。

[29] 马洪宽：《博弈论》，同济大学出版社，2015。

[30] 沙勇忠：《公共危机信息管理》，中国社会科学出版社，2014。

[31] 胡百精：《危机传播管理》，中国人民大学出版社，2014。

[32] 钟开斌：《应急决策——理论与案例》，社会科学文献出版社，2014。

[33] 陶鹏：《基于脆弱性视角的灾害管理整合研究》，社会科学文献出版社，2013。

[34] 常永华：《公共危机管理与西部地方政府执政能力问题研究》，中国

社会科学出版社，2013。

[35] 李廷栋等：《青藏高原隆升的地质记录及机制》，广东科技出版社，2013。

[36] 潘桂堂等：《青藏高原碰撞构造与效应》，广东科技出版社，2013。

[37] 童星等：《中国应急管理：理论、实践与政策》，社会科学文献出版社，2012。

[38] 吴江：《社会网络的动态分析与仿真实验——理论与应用》，武汉大学出版社，2012。

[39] 赵永茂、谢庆奎、张四明等主编《公共行政、灾害防救与危机管理》，社会科学文献出版社，2011。

[40] 夏保成、张平吾：《公共安全管理概论》，当代中国出版社，2011。

[41] 闪淳昌主编《应急管理：中国特色的运行模式与实践》，北京师范大学出版社，2011。

[42] 钟开斌：《风险治理与政府应急管理流程优化》，北京大学出版社，2011。

[43] 梁思成：《中国建筑史》，生活·读书·新知三联书店，2011。

[44] 〔荷〕阿金·伯恩等：《危机管理政治学——压力之下的公共领导能力》，赵凤萍等译，河南人民出版社，2010。

[45] 刘霞、向良云：《公共危机治理》，上海交通大学出版社，2010。

[46] 张欢：《应急管理评估》，中国劳动社会保障出版社，2010。

[47] 钟开斌：《政府危机决策——SARS 事件研究》，国家行政学院出版社，2009。

[48] 袁祖亮主编《中国灾害通史》，郑州大学出版社，2009。

[49] 朱健刚、王超、胡明编著《责任·行动·合作：汶川地震中 NGO 参与个案研究》，北京大学出版社，2009。

[50] 万百五：《控制论——概念、方法与应用》，清华大学出版社，2009。

[51] 〔美〕莱斯特·M. 萨拉蒙：《公共服务中的伙伴——现代福利国家中政府与非营利组织的关系》，田凯译，商务印书馆，2008。

[52] 杜孝珍等：《新疆少数民族地区公共危机管理研究》，新疆大学出版社，2008。

[53] 〔美〕道格拉斯·C. 诺斯：《制度、制度变迁与经济绩效》，杭行译，格致出版社、上海三联书店、上海人民出版社，2008。

[54] 宋臣田等主编《地震监测仪器大全》，地震出版社，2008。

[55] 莫利拉、李燕凌：《公共危机管理：农村社会突发事件预警、应急与责任机制研究》，人民出版社，2007。

[56] 〔美〕莱斯特·M. 萨拉蒙等：《全球公民社会：非营利部门国际指数》，陈一梅等译，北京大学出版社，2007。

[57] 李文海、夏明方编《天有凶年：清代灾荒与中国社会》，生活·读书·新知三联书店，2007。

[58] 孙其政、吴书贵主编《中国地震监测预报40年（1966~2006）》，地震出版社，2007。

[59] 赵成根：《国外大城市危机管理模式研究》，北京大学出版社，2006。

[60] 景晖、丁忠兵：《青藏高原生态替叠与趋导》，青海人民出版社，2006。

[61] 黄顺康：《公共危机管理与危机法制研究》，中国检察出版社，2006。

[62] 杨雪冬：《风险社会与秩序重建》，社会科学文献出版社，2006。

[63] 魏定仁主编《中国非营利组织法律问题》，中国方正出版社，2006。

[64] 万丽华、蓝旭译注《孟子》，中华书局，2006。

[65] 葛培岭注译评《诗经》，中州古籍出版社，2005。

[66] 薛晓源、周战超：《全球化与风险社会》，社会科学文献出版社，2005。

[67] 〔德〕赫尔曼·哈肯：《协同学：大自然构成的奥秘》，凌复华译，上海译文出版社，2005。

[68] 〔德〕乌尔里希·贝克、〔英〕安东尼·吉登斯、斯科特·拉什：《自反性现代化》，赵文书译，商务印书馆，2004。

[69] 〔美〕伊恩·I. 米特若夫、格斯·阿纳戈诺斯：《危机!!! 防范与对策》，燕清联合传媒管理咨询中心译，电子工业出版社，2004。

[70] 〔美〕罗伯特·希斯：《危机管理》，王成等译，中信出版社，2004。

[71] 马怀德编《应急反应的法学思考——"非典"法律问题研究》，中国

政法大学出版社，2004。

[72] 薛澜：《危机管理：转型期中国面临的挑战》，清华大学出版社，2003。

[73] 莫纪宏编著《"非典"时期的非常法治——中国灾害法与紧急状态法一瞥》，法律出版社，2003。

[74] 〔德〕乌尔里希·贝克：《风险社会》，何博闻译，译林出版社，2003。

[75] 史国枢主编《青海自然灾害》，青海人民出版社，2003。

[76] 《三江源自然保护区生态环境》编委会主编《三江源自然保护区生态环境》，青海人民出版社，2002。

[77] 〔美〕E. S. 萨瓦斯：《民营化与公私部门的伙伴关系》，周志忍等译，中国人民大学出版社，2002。

[78] 谢识予编著《经济博弈论》，复旦大学出版社，2002。

[79] 赵政璋等主编《青藏高原大地构造特征及盆地演化》，科学出版社，2001。

[80] 〔德〕乌尔里希·贝克、约翰内斯·威尔姆斯：《自由与资本主义——与著名社会学家乌尔里希·贝克对话》，路国林译，浙江人民出版社，2001。

[81] 〔美〕詹姆斯·N. 罗西瑙：《没有政府的治理》，张胜军、刘小林等译，江西人民出版社，2001。

[82] 〔美〕罗伯特·帕特南：《使民主运转起来》，王列、赖海格译，江西人民出版社，2001。

[83] 王维平、李宗植主编《构建西北基础设施新体系》，兰州大学出版社，2001。

[84] 俞可平主编《治理与善治》，社会科学文献出版社，2000。

[85] 〔英〕安东尼·吉登斯：《现代性的后果》，田禾译，译林出版社，2000。

[86] 〔德〕乌·贝克、哈贝马斯：《全球化与政治》，王学东等译，中央编译出版社，2000。

[87] 肖序常、李廷栋主编《青藏高原的构造演化与隆升机制》，广东科技出版社，2000。

［88］〔美〕林南：《社会资本：关于社会结构与行动的理论》，张磊译，
社会科学文献出版社，1999。

［89］申曙光：《灾害学》，当代中国出版社，1999。

［90］孟昭华编著《中国灾荒史记》，中国社会出版社，1999。

［91］范宝俊主编《灾害管理文库》，当代中国出版社，1999。

［92］〔美〕詹姆斯·S. 科尔曼：《社会理论的基础》，邓方译，社会科学
文献出版社，1999。

［93］毛寿龙：《西方政府的治道变革》，中国人民大学出版社，1998。

［94］胡宁生主编《中国政府形象战略》，中共中央党校出版社，1998。

［95］孙鸿烈、郑度主编《青藏高原形成演化与发展》，广东科技出版社，
1998。

［96］潘裕生、孙祥儒主编《青藏高原岩石圈结构演化和动力学》，广东科
技出版社，1998。

［97］施雅风等主编《青藏高原晚新生代隆升与环境变化》，广东科技出版
社，1998。

［98］汤懋苍等主编《青藏高原近代气候变化及对环境的影响》，广东科技
出版社，1998。

［99］〔英〕安东尼·吉登斯：《现代性与自我认同》，赵旭东等译，生活·
读书·新知三联书店，1998。

［100］〔法〕皮埃尔·布迪厄、〔美〕华康德：《实践与反思：反思社会学
导引》，李猛等译，中央编译出版社，1998。

［101］包亚明译《文化资本与社会炼金术：布尔迪厄访谈录》，上海人民
出版社，1997。

［102］〔美〕戴维·奥斯本、特德·盖布勒：《改革政府：企业精神如何改
革着公营部门》，周敦仁译，上海译文出版社，1996。

［103］李四光：《李四光全集》，湖北人民出版社，1996。

［104］青海省地方志编纂委员会编《青海省志·气象志》，黄山书社，1996。

［105］楼宝棠主编《中国古今地震灾情总汇》，地震出版社，1996。

［106］孙鸿烈主编《青藏高原的形成演化》，上海科学技术出版社，1996。

［107］赵晔原著，张觉译注《吴越春秋全译》，贵州人民出版社，1995。

[108]〔美〕道格拉斯·C. 诺斯:《经济史中的结构与变迁》,陈郁、罗华平等译,上海三联书店、上海人民出版社,1994。

[109]马宗晋主编《中国重大自然灾害及减灾对策(总论)》,科学出版社,1994。

[110]邓云特:《中国救荒史》,商务印书馆,1937。

[111]吕景胜主编《灾害管理》,地震出版社,1992。

[112]莫纪宏、徐高:《紧急状态法学》,中国人民公安大学出版社,1992。

[113]李文海、周源:《灾荒与饥馑:1840—1919》,高等教育出版社,1991。

[114]梁思成:《图像中国建筑史》,中国建筑工业出版社,1991。

[115]刘增乾等:《青藏高原大地构造与形成演化》,地质出版社,1990。

[116]戴加洗主编《青藏高原气候》,气象出版社,1990。

[117]马宗晋主编《自然灾害与减灾600问》,地震出版社,1990。

[118]〔德〕H. 哈肯:《高等协同学》,郭治安译,科学出版社,1989。

[119]国家地震局兰州地震研究所编《甘肃省地震资料汇编》,地震出版社,1989。

[120]《全球大地震目录(公元1897—1980年)》,国家地震局情报资料室。

[121]〔德〕H. 哈肯:《协同学——自然成功的奥秘》,戴鸣钟译,上海科学普及出版社,1988。

[122]〔德〕H. 哈肯:《协同学讲座》,宁存政等译,陕西科学技术出版社,1987。

[123]谢毓寿、蔡美彪主编《中国地震历史资料汇编》,科学出版社,1988。

[124]徐华鑫编著《西藏自治区地理》,西藏人民出版社,1986。

[125]《青海省情》编委会编《青海省情》,青海人民出版社,1986。

[126]高诱注《淮南子注》,上海书店,1986。

[127]班固:《汉书》,中华书局,1985。

[128]〔德〕H. 哈肯:《协同学导论》,张纪岳、郭治安译,西北大学科研处,1981。

[129]梁思成:《清式营造则例》,中国建筑工业出版社,1981。

［130］中国科学院青藏高原综合科学考察队：《青藏高原隆起的时代、幅度和形式问题》，科学出版社，1981。

［131］国家地震局、兰州地震研究所、宁夏回族自治区地震队编著《1920年海原大地震》，地震出版社，1980。

［132］赵尔巽等：《清史稿》，中华书局，1977。

［133］脱脱等：《宋史》，中华书局，1977。

［134］范晔：《后汉书》，中华书局，1965。

［135］沈约注《竹书纪年》，商务印书馆，1937。

［136］沈约：《宋书》，金陵书局，1873。

［137］唐钧：《论公共安全体系的建构和健全》，《教学与研究》2021年第1期。

［138］高小平、张强：《再综合化：常态与应急态协同治理制度体系研究》，《行政论坛》2021年第1期。

［139］马晓东：《政府、市场与社会合作视角下的灾害协同治理研究》，《经济问题》2021年第1期。

［140］朱华桂、吴丹：《基于演化博弈的政府－社会组织应急管理合作持续性研究》，《风险灾害危机》2021年第12期。

［141］唐钧：《应急管理的属性适配和体系优化》，《中国行政管理》2020年第6期。

［142］张海波：《应急管理的全过程均衡：一个新议题》，《中国行政管理》2020年第3期。

［143］钟开斌：《国家应急管理体系：框架构建、演进历程与完善策略》，《改革》2020年第6期。

［144］钟开斌：《习近平关于公共安全的重要论述：一个总体框架》，《上海行政学院学报》2020年第2期。

［145］钟开斌：《中国应急管理体制的演化轨迹：一个分析框架》，《新疆师范大学学报》（哲学社会科学版）2020年第6期。

［146］陶振：《应急协调机制的分类、演进与运作过程》，《重庆社会科学》2020年第3期。

［147］钟开斌：《重大风险防范化解能力：一个过程性框架》，《中国行政

管理》2019 年第 12 期。

[148] 周利敏、童星:《灾害响应2.0:大数据时代的灾害治理》,《中国软科学》2019 年第 10 期。

[149] 钟开斌:《中国应急管理机构的演进与发展:基于协调视角的观察》,《公共管理与政策评论》2018 年第 6 期。

[150] 康伟:《组织关系视角下的城市公共安全应急协同治理网络》,《公共管理学报》2018 年第 2 期。

[151] 陈武、张海波:《极端灾难应急响应中的组织适应与信息流动:阜宁龙卷风案例研究》,《西南民族大学学报》(人文社会科学版) 2018 年第 6 期。

[152] 李雪峰:《重大自然灾害应急指挥协调机制专题研究——重大自然灾害应急指挥协调制度建设》,《理论与改革》2016 年第 5 期。

[153] 张海波、童星:《中国应急管理结构变化及其理论概化》,《中国社会科学》2015 年第 3 期。

[154] 马奔、毛庆铎:《大数据在应急管理中的应用》,《中国行政管理》2015 年第 3 期。

[155] 金太军:《网络时代中国政府应对公共危机的基本模式与核心逻辑》,《行政科学论坛》2014 年第 4 期。

[156] 史培军、张欢:《中国应对巨灾的机制:汶川地震的经验》,《清华大学学报》(哲学社会科学版) 2013 年第 3 期。

[157] 钟开斌:《中国应急预案体系建设的四个基本问题》,《政治学研究》2012 年第 6 期。

[158] 王洛忠、秦颖:《公共危机治理的跨部门协同机制研究》,《科学社会主义》2012 年第 5 期。

[159] 俞青、牛春华:《县级政府在特大自然灾害应对中的"短板"研究:以舟曲特大山洪泥石流灾害应急处置为例》,《开发研究》2012 年第 2 期。

[160] 张小咏等:《青海玉树7.1级地震青海省级层面应急响应与分析》,《中国应急救援》2012 年第 3 期。

[161] 陈虹等:《地震应急救援标准体系及其关键标准研究》,《中国安全

科学学报》2012 年第 7 期。

[162] 薛成有：《玉树地震应急处置与灾后重建的法律思考》，《攀登》2012 年第 3 期。

[163] 陈竺等：《特大地震应急医学救援：来自汶川的经验》，《中国循证医学杂志》2012 年第 4 期。

[164] 张强等：《汶川地震应对经验与应急管理中国模式的建构路径：基于强政府与强社会的互动视角》，《中国行政管理》2011 年第 5 期。

[165] 郭雪松、朱正威：《跨域危机整体性治理中的组织协调问题研究》，《公共管理学报》2011 年第 4 期。

[166] 童星、张海波：《基于中国问题的灾害管理分析框架》，《中国社会科学》2010 年第 1 期。

[167] 沙勇忠、解志元：《论公共危机的协同治理》，《中国行政管理》2010 年第 4 期。

[168] 金太军等：《公共危机中的政府协调：系统、类型与结构》，《江淮论坛》2010 年第 11 期。

[169] 林闽钢、战建华：《灾害救助中的 NGO 参与及其管理——以汶川地震和台湾 9·21 大地震为例》，《中国行政管理》2010 年第 3 期。

[170] 滕五晓、夏剑薇：《基于危机管理模式的政府应急管理体制研究》，《北京行政学院学报》2010 年第 2 期。

[171] 钟开斌：《回顾与前瞻：中国应急管理体系建设》，《政治学研究》2009 年第 1 期。

[172] 夏志强：《公共危机治理多元主体的功能耦合机制探析》，《中国行政管理》2009 年第 5 期。

[173] 杨永慧、熊代春：《协同治理：公共危机治理的新路径》，《领导科学》2009 年第 11Z 期。

[174] 张立荣、冷向明：《协同治理与我国公共危机管理模式创新——基于协同理论的视角》，《华中师范大学学报》（人文社会科学版）2008 年第 2 期。

[175] 陈彪等：《区域联动机制的建立：基于重大灾害与风险视阈》，《吉首大学学报》（社会科学版）2008 年第 5 期。

［176］刘霞、向良云：《我国公共危机网络治理结构——双重整合机制的构建》，《东南学术》2006 年第 3 期。

［177］周占超：《风险文明：一种新的解释范式》，《马克思主义与现实》2005 年第 6 期。

［178］杨安华：《构建民族地区危机管理体系》，《公共管理评论》2005 年第 3 期。

［179］张成福：《公共危机管理：全面整合的模式与中国的战略选择》，《中国行政管理》2003 年第 7 期。

［180］莫于川：《我国的公共应急法制建设——非典危机管理实践提出的法制建设课题》，《中国人民大学学报》2003 年第 4 期。

［181］史培军：《三论灾害研究的理论与实践》，《自然灾害学报》2002 年第 3 期。

［182］俞可平：《治理和善治引论》，《马克思主义与现实》1999 年第 5 期。

［182］Pradyumna P. Karan, *Indian Ocean Tsunami: The Global Response to a Natural Disaster*, Lexington: The University Press of Kentucky, 2011.

［183］Bob Bolin, *Race, Class, Ethnicity, and Disaster Vulnerability*, NY: Springer, 2007.

［184］Ronald Perry (ed.), *What is a Disaster? New Answers to Old Questions*, Xlibris, 2005.

［185］Mark Pelling, *The Vulnerability of Cities: Natural Disasters and Social Resilience*, London: Earthscan Publications Ltd, 2003.

［186］Uriel Rosenthal (ed.), *Management Crises: Threats, Dilemmas, Opportunities*, Springfield: Charles C. Thomas Publisher. Ltd, 2001.

［187］James J. McCarthy (ed.), *Climate Change 2001: Impacts, Adaptation, and Vulnerability*, Cambridge: Cambridge University Press, 2001.

［188］Dennis Mileti, *Disasters by Design: A Reassessment of Natural Hazards in the United States*, Washington D. C. : Joseph Henry Press, 1999.

［189］Henry Quarantelli, *What is a Disaster? Perspectives on the Question*, London: Routledge. 1998.

[190] The Commission on Global Governance, *Our Global Neighborhood*, Oxford: Oxford University Press, 1995.

[191] Uriel Rosenthal (ed.), *Coping with Crises: The Management of Disasters, Riots and Terrorism*, Springfield: Charles C. Thomas Publisher, 1989.

[192] Ralph Turner (ed.), *Waiting for Disaster: Earthquake Watch in California*, Berkeley: University of California Press, 1986.

[193] Dennis Mileti (ed.), *Earthquake Prediction Response and Options for Public Policy*, Boulder: University of Colorado Institute of Behavioral, 1980.

[194] UNDRO, *Disaster Prevention and Mitigation: A Compendium of Current Knowledge*, New York: United Nations, 1978.

[195] Eugene Haas (ed.), *Reconstruction Following Disaster*, Cambridge: MIT Press, 1977.

[196] Robert Kates, *Human Adjustment to Earthquake Hazard*, Washington D. C.: National Academy of Science, 1970.

[197] Allen H. Barton, *Social Organization Under Stress: A Sociological Review of Disaster Studies*, Washington D. C.: National Academy of Sciences-National Research Council, 1963.

[198] Anthony F. C. Wallace, *Human Behavior in Extreme Situations*, Washington D. C.: National Academy of Sciences, 1956.

[199] Pitirim Sorokin, *Man and Society in Calamity*, New York: E. P. Dutton, 1942.

[200] S. H. Prince, *Catastrophe and Social Change*, New York: Columbia University Press, 1920.

[201] Laura Grube, "The Capacity for Self-governance and Post-disaster Resiliency", *Rev Austrian Econ*, No. 27, 2014.

[202] Naim Kapuku, "Collaborative Emergency Management and National Emergency Management Network", *Disaster Prevention and Management*, No. 4, 2010.

[203] William Waugh, "Collaboration and Leadership for Effective Emergency Management", *Public Administration Review*, No. Special Issue, 2006.

[204] Neil Adger, "Vulnerability", *Global Environmental Change*, No. 16, 2006.

[205] Neil Adger, "New Indicators of Vulnerability and Adaptive Capacity", *Tyndall Centre for Climate Change Research*, No. 7, 2004.

[206] Susan L. Cutter, "Social Vulnerability to Environmental Hazards", *Social Science Quarterly*, No. 84, 2003.

[207] B. L. Turner, "A Framework for Vulnerability Analysis in Sustainability Science", *Proceedings of the National Academy of Sciences of the United States of America*, No. 100, 2003.

[208] Robert Kates, "Sustainability Science", *Science*, No. 292, 2001.

[209] Paul Hart, "Preparing Policy Makers for Crisis Management: The Role of Simulations", *Journal of Contingencies and Crisis Management*, No. 4, 1997.

[210] Uriel Rosenthal, "Globalizing an Agenda for Contingencies and Crisis Management: An Editorial Statement", *Journal of Contingencies and Crisis Management*, No. 1, 1993.

[211] E. L. Quarantelli, "The Nature and Conditions of Panic", *American Journal of Sociology*, No. 3, 1954.

[212] Gilbert F. White, "Human Adjustment to Floods: A Geographical Approach to the Flood Problem in the United States", Department of Geography Research Paper, Chicago: University of Chicago, 1945.

图书在版编目(CIP)数据

高原地震灾害应急协同机制 / 马晓东著. -- 北京：
社会科学文献出版社，2023.6
ISBN 978 - 7 - 5228 - 1954 - 9

Ⅰ.①高… Ⅱ.①马… Ⅲ.①高原 - 地区 - 地震灾害
- 救援 - 研究 - 中国　Ⅳ.①P315.9

中国国家版本馆 CIP 数据核字(2023)第 102380 号

高原地震灾害应急协同机制

著　　者 / 马晓东

出 版 人 / 王利民
责任编辑 / 岳梦夏
文稿编辑 / 许文文
责任印制 / 王京美

出　　版 / 社会科学文献出版社·政法传媒分社 (010) 59367126
　　　　　　地址：北京市北三环中路甲 29 号院华龙大厦　邮编：100029
　　　　　　网址：www.ssap.com.cn
发　　行 / 社会科学文献出版社 (010) 59367028
印　　装 / 三河市龙林印务有限公司

规　　格 / 开 本：787mm × 1092mm　1/16
　　　　　　印 张：11.75　字 数：185 千字
版　　次 / 2023 年 6 月第 1 版　2023 年 6 月第 1 次印刷
书　　号 / ISBN 978 - 7 - 5228 - 1954 - 9
定　　价 / 78.00 元

读者服务电话：4008918866